人工智能教学设计与案例

主　编◎张　新　韩　亮　丁晓铭
副主编◎韩婷婷　王　为　张宝菊

电子工业出版社
Publishing House of Electronics Industry
北京·BEIJING

内 容 简 介

本教材遵循案例教学模式进行课程教学设计，围绕人工智能应用案例展开，强调学科教学设计、主要研究内容、核心研究领域及前沿理论和技术等，内容涉及图像、视频、语音、文本和机器人。本教材覆盖人工智能（师范）专业入门必须掌握的知识，强调基础性和前沿性并重，理论和实验相统一，着力于师范生的课程设计能力、案例分析能力和动手实践能力的培养，使学生掌握人工智能的教学设计、课程教学案例和机器人实践等方面的内容。

本教材可作为高校人工智能（师范）、智能科学与技术、计算机科学与技术及相关专业的教学设计课程的教材，也可作为其他学校或培训机构的教师、学生、研究人员的参考书。

图书在版编目（CIP）数据

人工智能教学设计与案例 / 张新，韩亮，丁晓铭主编. —北京：电子工业出版社，2023.1

ISBN 978-7-121-45028-0

Ⅰ. ①人… Ⅱ. ①张… ②韩… ③丁… Ⅲ. ①人工智能－教学设计－高等学校 Ⅳ. ①TP18

中国国家版本馆 CIP 数据核字（2023）第 024499 号

责任编辑：杜　军　　　　　特约编辑：田学清
印　　刷：北京虎彩文化传播有限公司
装　　订：北京虎彩文化传播有限公司
出版发行：电子工业出版社
　　　　　北京市海淀区万寿路 173 信箱　　邮编：100036
开　　本：787×1092　　1/16　　印张：9　　字数：208 千字
版　　次：2023 年 1 月第 1 版
印　　次：2023 年 1 月第 1 次印刷
定　　价：29.00 元

凡所购买电子工业出版社图书有缺损问题，请向购买书店调换。若书店售缺，请与本社发行部联系，联系及邮购电话：（010）88254888，88258888。

质量投诉请发邮件至 zlts@phei.com.cn，盗版侵权举报请发邮件至 dbqq@phei.com.cn。

本书咨询联系方式：（010）88254556，dujun@phei.com.cn。

前　言

人工智能是 21 世纪产业革命和科技革命的重要驱动力量，被认为是 21 世纪的尖端技术和战略性技术。人工智能正在引领产业变革、社会变革和科技变革，正在影响社会、经济、文化的发展和进步。为了促进人工智能人才的培养和产学研合作，教育部自 2019 年增设了人工智能本科专业。2020 年，教育部等多个部门联合提出要依托"双一流"建设，深化人工智能的内涵，构建基础理论人才和复合型人才并重的培养体系。截至 2022 年，全国已有 400 多所高校设置了人工智能本科专业。

天津师范大学人工智能学院是为了响应《国务院关于印发新一代人工智能发展规划的通知》（国发〔2017〕35 号）和教育部《高等学校人工智能创新行动计划》（教技〔2018〕3 号），于 2018 年 4 月 25 日成立的天津市第一所人工智能学院，是全国师范院校中第一所人工智能学院，也是全国前十所成立的人工智能学院之一，于 2021 年正式招收人工智能（师范）专业本科生。天津师范大学人工智能学院对该专业十分重视，严格管控该专业的教学质量，鉴于缺乏相应的教材，该专业筹办后成立了教材撰写小组，经过两年的撰写和不断改进，出版了这本教材。

本教材是依据国家颁布的《普通高中信息技术课程标准》、中学信息技术和通用技术课程对教师专业素养的实际要求编写的。本教材共六章。

第一章由张宝菊编写，旨在概括地介绍人工智能（师范）专业的教学设计，包括教学设计的理论、教学模式及基于案例教学模式的教学设计过程。其他章节均以案例教学模式进行教学设计。

第二章由韩亮编写，旨在帮助学生了解智能图像识别常用的算法工具，包括搭建人脸检测和识别的平台环境，使学生学会使用两种经典深度神经网络进行猫、狗图像识别。

第三章由韩婷婷编写，旨在帮助学生了解图形用户界面的设计和制作过程，以及视频在图形用户界面中的显示，使学生掌握视频目标检测的算法工具，学会使用一种深度学习算法进行视频目标检测。

第四章由张新编写，旨在帮助学生了解语音信号处理的理论和方法，包括梅尔频率倒谱系数、巴克频率倒谱系数等语音信号特征，使学生学会使用深度学习工具箱构建语音信号处理环境，掌握卷积神经网络和 BiLSTM 网络进行数字语音识别和说话人性别识别。

第五章由丁晓铭编写，旨在帮助学生了解从文本数据中提取关键词的理论和方法，掌握自然语言处理工具软件的使用，熟悉文本数据的分词和关键词的提取过程，使学生学会使用工具软件进行文本数据情感分析，掌握文本数据情感分析的基本技能。

第六章由王为编写，旨在帮助学生了解智能机器人进行无人驾驶的理论和方法，包括驱动控制、道路检测和信号灯检测，使学生了解机器人的功能和硬件架构，并掌握智能机器人的搭建方法，熟悉智能机器人的人机对话和语音识别的实现方法。本章内容是基于"机器时代（北京）科技有限公司"的人工智能机器人智能技术开发平台编写的，特此对该公司致以衷心的感谢。

随着人工智能（师范）专业的设置，我国正在形成人工智能专业本科生的人才培养体系，但在人工智能（师范）专业的教学实践中发现教学实验和实践课程尚未引起足够的重视，同时该专业缺乏前沿性和系统性的教学设计教材，缺乏切实可行的教学设计经验，亟待建立与人工智能理论相呼应的实验案例教学体系。本教材既是为响应这样的需求而编写的，也是对本小组近年人工智能实验案例经验的总结，以及对该专业实验教学设计的探索。因此，本教材在人工智能（师范）专业人才的培养和教学中的作用会越来越重要。

最后，衷心感谢天津师范大学教务处、人工智能学院、电子与通信工程学院的各位领导、老师和同学对本教材编写工作的支持，如果没有他们的支持，本教材就没有出版的可能。另外，本教材中难免有不足之处，恳请各位同仁及广大读者批评指正。

作　者
2022 年 12 月

目 录

第一章　人工智能教学设计

本章导读

　　本章从人工智能（师范）教学的角度出发，分析人工智能课程的教学设计，分为三节。第一节是对人工智能教学设计的概述，重点介绍教学设计的基本要求和理论基础。第二节介绍常用的教学设计模式。第三节介绍基于案例教学模式的人工智能课程教学设计，重点介绍设计原理、原则和主要环节。

　　人工智能专业的专业课程包括人工智能导论、模式识别、机器学习、深度学习、智能信息处理、自然语言处理等前沿内容，知识更新快，甚至涉及伦理道德问题，如何在立德树人的理念下，做好人工智能课程的教学设计，并探索人工智能课程的切实可行的应用案例，是人工智能（师范）专业的一大难点。

第一节　人工智能教学设计的概述

　　课堂教学活动的目标是实现课堂教学的最优化，教育工作者利用各种课堂教学方式和方法，探索课堂教学优化的理论和方法，从而演变成教学设计。这就引出了本教材所讨论的内容——教学设计。教学设计也被称为教学系统设计，是指依据教学理论、学习理论和传播理论，运用系统科学的方法，对教学目标、教学内容、教学媒体、教学策略、教学评价等教学要素进行分析，提出解决问题的最佳方案，使教学效果达到最优化的决策过程。

　　教学设计是为了提高教学效率和教学质量，使学生在课堂教学中学到更多的知识。不管哪种类型的教学设计，最终目标都是如此，所以虽然教学设计的模式和理论各有千秋，但都强调教学效果的最优化，目标都是使学生获得更好的发展。开展教学设计为达到既定的教学效果提供了有力的保障。教学设计如同建造房屋，设计人员设计好图纸，建筑工人才能建造房屋；教学设计又如同带兵打仗，所谓"平时勤练兵，战时方能胜"，只有开展教学设计，才能保证教学活动的顺利实施。

人工智能（师范）专业是一个新事物，所以该类课程是新课程，开设人工智能课程是为了提高学生的人工智能素养，使学生更好地在智能社会环境中生存，更好地为社会服务。因此，人工智能教学设计除了一般课程所具有的特点，还需具备本学科的特色，使学生在教学活动中不断进行知识的获取、分析、加工、传递和运用，鼓励学生将所学的人工智能科学和技术知识应用到学习、生活中。在教学过程中，教育工作者需要充分考虑学生的个性差异，强调学生在人工智能学习过程中的主动性、创新性和能动性，充分挖掘学生的潜力，实现学生的全面化和个性化发展。

综合以前教学设计的方式方法，人工智能教学设计是指以信息传播理论、教学理论、学习理论等为基础，利用系统科学的观点和方法，分析本专业教学中的问题和需求，确立适当的解决方案和教学目标，配置相应的教学策略、资源和环境，评估方案试行的结果并修正方案，以达到最优的教学效果。

在人工智能时代，教学设计应该融入比以往更多的智能元素。在教学设计中，需要考虑人工智能学科的特点，本专业学生的特点及学生的学习和发展需要，运用智能化的教学方法和手段，引导学生主动学习、自主学习，掌握人工智能的基础知识和基本技能，并具备应用人工智能技术的能力。这对人工智能教学设计提出了三点基本要求，具体如下。

（1）人工智能教学设计要重视学生的特点，实现因材施教与全面发展的统一。

学生的特点主要是差异。学生的兴趣爱好、前期基础都会有差异，教育工作者要尊重每位学生，教学设计应让每位学生都受到重视，每位学生都得到理想的发展。在教学设计时，可以制定层级的学习目标，给每位学生分配合适的学习内容，还可以提供多样化的学习方式和方法，使每位学生都有机会发挥自身的能力，达到因材施教与全面发展的统一。

（2）人工智能教学设计要重视应用，以实践为导向。

人工智能专业是实践性很强的专业，人工智能（师范）专业尤其如此。该专业的毕业生面向我国的基础教育，需要把人工智能的科学和技术知识传授给广大的中、小学生，所以必须以实践为导向。针对这一要求，教学设计要重视应用，训练学生的动手能力，以及涵盖相关的科学和技术知识，结合计算机仿真实验与物理实验操作，让学生有充足的实践，培养学生的上机仿真意识和动手操作意识。

（3）人工智能教学设计要重视基础，倡导与社会、生活相联系。

在教学设计时，既要重视学生"三观"的培养，也要让学生理解和掌握人工智能的基础知识和基础技术，当然，基础知识和基础技术并不是固定不变的，随着时代的发展和进步，人工智能的基础知识和基础技术也要与时俱进，不断更新换代，但考虑到本专业的特点，要把相对成熟、稳定的基础知识和基础技术纳入教学设计；在教学设计时还需要结合实际的社会环境和生活环境，该课程要引导学生积极主动地把人工智能的科学和技术知识应用到日常生活中，直接体现人工智能的实际意义，不断提高全民的人工智能素养。

原则上讲，人工智能教学设计是为培养本专业学生的人工智能素质和提高相关的教学效果而制定的指导本专业教学活动的教学系统。教学设计的制定是有理论指导的，是人类教学活动的思想和观念的凝练，一切教学活动都受相关理论的影响。教学设计的理论依据包括信息传播理论、教学理论、学习理论、系统理论等，具体如下。

（1）信息传播理论。

广义上，信息传播是信息传播者和接收者的双向互动过程。在教学过程中，教育工作者的教和学生的学也属于信息传播的范畴。信息传播包括教育工作者、教学内容、传播通道、学生和传播效果 5 个要素。信息传播理论可以解释教学过程中这 5 个要素的关系，并指导教学内容的有效传播。

（2）教学理论。

教学理论是经过漫长的历史积累，不断总结教学经验，逐步形成的思想和理论。国外著名的教学理论包括结构主义教学理论、掌握教学理论、认知教学理论、范例教学理论、多元智能教学理论、发展性教学理论等。结构主义教学理论、范例教学理论和发展性教学理论被称为现代教学三大流派，影响着教学的理论和实践。

（3）学习理论。

学习理论又被称为学习论，是由诸多心理学家提出并验证的，一般包括联结学习理论、认知学习理论、建构主义学习理论和人本主义学习理论四种。联结学习理论又被称为刺激-反应学习理论或行为主义学习理论。各学习理论因侧重的学习特征不同而不同。

（4）系统理论。

系统理论把有关联的部分结合在一起，形成具有某种功能的综合体。它是把各组成部分按照一定的思想和观点放在系统的形式中考察分析，从各组成部分的联系和相互作用中发现规律。教学设计需要把教育和教学作为整体来考察，利用系统分析技术、系统论的方法来设计教与学。

第二节　常用的教学设计模式

相关阅读请扫码

教学系统设计的模式是整个教学过程的步骤，包括学习者、目标、策略和评价 4 个要素。教学设计模式可以分为以教为主的模式、以学为主的模式和教学并重的模式。以教为主的模式又分为第一代教学设计模式和第二代教学设计模式。肯普模式属于第一代教学设计模式，史密斯-雷根模式属于第二代教学设计模式。以学为主的模式是基于建构主义学习理论的教学设计模式。教学并重的模式是将以教为主和以学为主两种模式结合起来的教学设计模式。

迪克-凯里教学系统设计模型指出：教学设计过程包括学习需要分析、学习者及环境分析、学习内容分析、学习目标的设定、开发教学策略、形成性与总结性评价等方面。参考该教学系统设计模型，可以实例化为人工智能教学设计。人工智能教学设计的过程就是该模型中各个步骤的连贯体系，具体包括教学目标分析、学习者特征分析、教学模式的选择、学习环境设计和结果评价 5 个要素。

教育工作者首先要分析教学目标，确定所教的内容和主题，然后分析学生的特征，确定学生的先验知识和认知水平，再选择合适的教学模式，创设教学情境，提供相关资源，最后进行学习效果评价。

人工智能教学设计的实施可以使用多种教学模式，一般包括课堂讲授、边讲边练、任务驱动、案例、自主学习和合作学习等教学模式。在实际实施时，可以将多种教学模式结合，综合使用，无须拘泥于某一种模式。

课堂讲授教学模式是最常见的一种教学模式，该模式以教育工作者讲授为主，以板书、多媒休等为辅开展，对人工智能的教学尤其适用，通过计算机的多媒休演示能很好地将科学和技术知识展示给学生。

边讲边练教学模式是教育工作者一边讲授，学生一边练习的教学模式，一般在计算机机房进行。该模式适用于人工智能计算机仿真的实验，并且有利于学生通过练习掌握理论知识和提高学习效率。

任务驱动教学模式是通过创设任务情境，给学生设定任务，引导学生分析任务并找到解决任务的方法，通过完成任务来获取相关知识的教学模式。

案例教学模式是教育工作者选择合适的案例，利用案例激发学生的学习兴趣，通过案例的讲授，启发学生将知识与社会生活相融合的教学模式。

自主学习教学模式是以学生为学习的主体，学生的自由度大，适合有实践操作的课程，学生在教师的指导下，围绕课程的总体教学目标，独立自主地开展学习活动的教学模式。

合作学习教学模式是分小组或小团队进行的，适合以项目为驱动的情境，学生在小组或小团队中负责自身的任务，通过互相交流和与他人合作，解决问题的教学模式。

无论采用哪种教学模式，都要围绕本课程的教学内容和教学目的展开，既要符合课程要求，又要适应学生的学习规律。灵活运用多种教学模式能促进课程教学的进行。

教学设计从整体上考虑教学活动，从系统上布局教与学。对本门课程而言，教学设计可以由学校组织的教师团体或教研组进行，根据教学对象和教学内容，将上述 5 个要素有条理地编排在一起，形成完整的教学方案。

第三节　人工智能课程教学设计

人工智能课程教学设计是人工智能（师范）专业的核心课程，是培养学生熟练掌握人工智能的教学实践及提高职业能力和素养的重要渠道。以前，师范专业的教师普遍采用机械重复式的传统教学模式，教师示范教学步骤，学生模仿步骤，反复演练直至熟练。至于为什么要这样操作，在不同的场景中怎样应用，都是传统教学模式所不能及的。学生不需要思考，一味地模仿、反复演练的方式影响了学生的成长，限制了人工智能（师范）专业教学质量的提升。案例教学模式是培养学生解决问题、表达沟通和可持续发展的职业能力和素养的重要途径。本章第二节中初步介绍了案例教学模式，本节将详细介绍案例教学模式，该模式也是本教材所采用的教学设计方法。

案例教学模式是以教学目标为依据，布置实际教学情境案例，教师通过适当引导，使学生沉浸在真实的工作情境中，实现自主分析、讨论和探索，学生在团队交流、师生交流中寻找答案，在知识和技能的获得过程中不断培养专业能力和素养的一种教学方法。

本教材的章节编排均采用案例教学模式，围绕教学目标，布置人工智能的实际工作情境，教师通过案例引导，使学生融入人工智能的工作情境，在交流、分析、讨论和探索中寻求答案，既能提高学生学习人工智能知识与技能的兴趣，还能加深学生对人工智能操作与编程知识的理解与运用，在这个过程中培养学生分析解决问题、团队合作和表达沟通等综合能力。案例教学模式具体内容如下。

（1）案例教学模式的理论基础。

案例教学模式的理论依据包括建构主义学习理论、情境学习理论和人本主义学习理论。建构主义学习理论的代表人物是瑞士心理学家让·皮亚杰和苏联心理学家维果茨基。建构主义学习理论强调知识的建构者是学习的主体，知识的建构不是单向地接收知识，而是在原有的知识结构上，与接收的新知识相互作用，从而形成新知识结构的过程。

情境学习理论的代表人物是美国的让·莱夫、约翰·杜威和德国的沃尔夫冈·苛勒。情境学习理论建立在个人自主构建知识的基础上，认为学生的认知与学习情境有关，学生在情境中进行学习，实现认知在情境中的迁移，产生知识的转化，构建自己的知识体系。

人本主义学习理论的代表人物是美国的亚伯拉罕·马斯洛和卡尔·罗杰斯。人本主义学习理论主张在价值和主观意愿上释放个性，注重学生的特点，认为学生是学习的主体，教师在教学中要尊重学生，遵循这种教育理念，学生的个性表达和主观意愿受到尊重和理解，教师与学生相处融洽、平等交流，从而促进学生的全面发展。

（2）案例教学模式的设计原则。

案例教学模式在人工智能课程中的设计原则有真实性原则、可操作性原则、参与性原则、创新性原则。真实性原则指的是案例来源于真实事件，而不是凭空捏造的。可操作性原则指的是案例难易程度适中，符合该专业学生的知识层次和认知水平，问题过难会打消学生的学习积极性，问题过于简单会失去吸引力。参与性原则指的是要让所有学生都参与到案例中，这样才能使学生积极主动地学习，提高课堂专注度。创新性原则指的是案例具有创新性，能启发学生思考，激发学生的创新性思维。在案例的制定、选取和实施过程中，还要注重思维能力的培养，使专业知识、思维能力和价值观的塑造有效融入课堂。

（3）案例教学模式的课程教学设计。

根据人工智能课程的特点，将课程教学设计分为三个方面，包括课前案例设计、课中教学实施和课后评价反思，如图 1.1 所示。

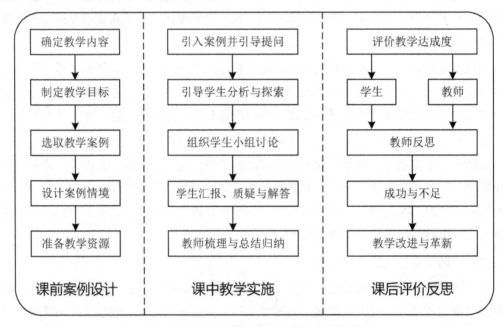

图 1.1　基于案例教学模式的课程教学设计

图 1.1 给出了基于案例教学模式的课程教学设计，具体如下。

① 课前案例设计。

课前案例设计分为确定教学内容、制定教学目标、选取教学案例、设计案例情境、准备教学资源五个环节。每个环节的实现需要结合人工智能（师范）专业学生的特点和相关学习理论来开展。人工智能中哪些内容适合用来进行案例教学是需要思考的问题，通过高校、科研院所和企业调研、观摩，并结合其他学科中的应用经验，教学内容可以是生产生活中常见的典型应用，如机器视觉、语音识别，教学内容需要包括软件编程和硬件操作，既能锻炼学生的编程思维能力，又能锻炼学生的动手实践能力。例如，在引入人工智能课程时，人工智能科学与技术的发展演变可以从哲学的否定之否定规律开始引入，并对人工智能科学与技术和人类社会的相互关系展开讨论。这样的教学内容设计既包括了基础知识，又包括了对思维能力的训练。

确定好教学内容之后要进行的是制定教学目标。人工智能课程的教学目标有知识目标、技能目标、价值观目标等。本课程要以科学技术能力和素养为依托，人本主义学习理论为指导，通过案例教学模式增强学生对人工智能相关知识的理解，掌握人工智能在实际生产生活中的应用，使学生在知识、技能、能力与素养、价值观等方面得到均衡发展。

选取人工智能教学案例，首先要广泛地收集案例，然后对其进行分析与整理，最后选出合适的案例。基于建构主义学习理论和情境学习理论，收集和选择的案例要有人工智能真实的工作情境，这样才能激发学生的学习兴趣，引导学生动手实践，探索答案。同时要启发学生思考问题，引导学生将所学的知识与技能应用到不同场景中。

设计案例情境是确保课堂教学顺利进行的重要保障。基于人本主义学习理论，学生是学习的主体，因此，案例问题的设计过程要根据本专业学生的特点，围绕教学目标，捕捉学生感兴趣的地方设置问题情境，案例问题要明确且清晰，使学生能快速进入案例情境。案例情境的设计还要符合思考分析的过程，逐步推进。

准备教学资源是开展课堂教学活动的必备条件。通过对教材和学情进行分析，归纳出知识的重点和难点，针对案例教学所涉及的重要知识点，制作相应的辅助教学资源，如动画、视频、纸质资料和软件资料等，对于需要动手实践的环节，还需要配置好硬件资源，如智能教室、教学设备、教学用具等，确保教学过程中不出现硬件故障。

② 课中教学实施。

课中教学实施包括实施策略、实施方法和实施流程。在课中教学实施时，可根据课程内容和学生特点规划相应的实施策略。例如，人工智能课程的内容分为图像识别、视频识别、语音数据分析、文本数据分析和智能机器人 5 个方面。图像识别的实施策略可以模仿人的视觉工作原理，而语音数据分析的实施策略可以模仿人的听觉工作原理。人工智能（师范）专业的学生的特点表现为学生主体认知水平较高，求学目的的多元化和复杂化，学习方式灵活丰富，对生产生活中的人工智能充满好奇，期望更多的获得性体验。因此，实施策略采取的是课堂讲授、小组讨论、直观演示、任务驱动和自主学习的方式。

课中教学的实施方法要注重基础性知识和应用性知识兼备。每方面的教学内容由两个小节组成，第一小节主要让学生了解基础性知识，第二小节主要让学生应用知识，在前面所学知识的基础上进行延伸并加入新知识，达到应用知识的程度。

课中教学的实施流程首先要引入案例并引导提问，其次要引导学生分析与探索，组织学生进行小组讨论、汇报并质疑与解答，最后教师进行知识的梳理、回顾与总结归纳。在课程教学实施过程中，学生进行知识和经验的建构，教师需要时刻观察学生，提高学生的参与积极性，适时进行引导，对探索内容和时间安排做出详细的规划，及时鼓励和肯定学生的参与，保证教学内容的完成和教学目标的达成。

③ 课后评价反思。

课后评价反思是案例教学模式的一个重要组成部分。课后评价反思可以从学生和教师两个层面开展。学生的评价包括学生的参与度、学生的主动性和对案例的喜欢程度等情况；教师的评价包括教学目标是否达成、教学氛围如何、时间和进度如何、教学效果如何等情况。教师根据学生与教师的评价进行反思，思考开展教学的成功与不足。

课后评价反思不仅要关注学生的知识与技能，还要关注学生的"德"和"美"等方面的发展。课后评价反思有助于教师掌握案例实施成功的原因、案例实施的不足，也是提升教师教学能力的重要手段。

在新时代的背景下，高等院校的人工智能课程体系建设是一项长远的系统工程。人工智能课程的教学设计需要相关人员的积极探索与实践，在多方主体的参与和开拓下，学生的人工智能素养和能力才能得到提高。当前，人工智能专业，特别是人工智能（师范）专业，还处于起步阶段，需要高等院校进行多方面的教学内容改进，教学模式探索与革新，引导学生学思并重、知行合一，形成一种独具特色的人才培养模式。

参考文献

[1] 刘景宜. 中学信息技术教学设计与案例分析[M]. 1 版. 安徽：安徽大学出版社，2014.

[2] 赵波，段崇江，张杰. 信息技术课程标准与学科教学[M]. 北京：科学出版社，2014.

[3] 何克抗，林君芬，张文兰. 教学系统设计[M]. 北京：高等教育出版社，2006.

[4] 姜丹，孙平. 基于立德树人理念的智能科学专业课程改革探索[J]. 长春工程学院学报（社会科学版），2021，22（3）：33-35.

[5] 程丹. 基于新工科的大学物理课程教学设计[J]. 电子技术，2021，50（12）：206-207.

[6] 刘霞云. 案例教学法在中职《工业机器人操作与编程》中的应用研究[D]. 广州：广东技术师范大学，2021.

思考题

1. 简述人工智能课程教学设计的原则及内涵。

2. 自选两种教学模式进行评述。

3. 简述案例教学模式的课程教学设计的过程。

第二章 智能图像识别案例

本章导读

本章对机器视觉进行介绍，以图像为依托，分两节对智能图像数据的识别进行介绍。第一节介绍利用 OpenCV 和 face_recognition 搭建人脸检测和识别的平台环境。第二节介绍利用 PyTorch 框架进行图像的分类，使用 PyTorch 框架搭建神经网络模型 LeNet 识别 CIFAR10 数据集中的图像。

人类通过视觉、听觉、触觉等对环境信息进行感知，这是人类活动中不可或缺的心智能力。在所有的感觉中，视觉是最重要的，人类对外部环境的感知 80% 以上是通过视觉实现的。人工智能的机器视觉技术的目的是让机器拥有人类的视觉能力。

人脸识别是指利用人的脸部特征信息来进行识别的一种人工智能领域的技术。人脸识别又被称为面部识别或人像识别。该项技术的关键在于核心的识别算法可以保证识别的准确率和识别速度，从而满足实时识别和实际使用的需求。

本章在介绍图像识别时，采用了 Python 语言和 PyTorch 框架。最新的调查统计显示，2021 年度的机器学习相关的竞赛，超过 96% 的参赛人员使用 Python 语言，超过 76% 的参赛人员使用 PyTorch 框架。所以，本章内容基于目前主流的人工智能编程语言和框架，保证了教学内容的前沿性和可扩展性。

第一节 基于 OpenCV 和 face_recognition 的人脸识别

一、教学内容

人脸识别是基于人的脸部特征信息进行身份识别的一种生物识别技术，是当今人工智能和机器学习领域中热门的研究课题之一。由于人脸识别在现实社会的诸多领域中有着广泛的应用前景，因此学生很有必要学习人脸识别这一前沿技术。本节要求学生利用人脸识别库 OpenCV 和 face_recognition 搭建人脸识别的开发环境，利用搭建的开发环境实现人脸检测的功能。

二、教材分析

本节的主要内容是使学生掌握人脸识别系统的组成，了解常用的人脸识别库 OpenCV 和 face_recognition，学会安装 OpenCV 和 face_recognition，搭建人脸识别的开发环境，利用 OpenCV 和 face_recognition 实现检测给定图像中的所有人脸、识别图像中的人脸、实时人脸识别、检测和标记图像中的人脸特征、识别人脸并进行美颜等功能，最终使学生对人脸识别形成感性认知。

学生通过体验相关人脸识别库的安装和代码编写，激发自身对人脸识别及人工智能的兴趣，了解人脸识别的流程与基本知识，熟悉人脸识别和图像识别的发展现状、操作方法和运用方式，从而为从事智能图像识别的相关工作做好铺垫。

三、学情分析

学生对学习目标的定位大都以就业为导向，而人脸识别技术应用很广，如人脸支付、人脸开卡、人脸登录、VIP 人脸识别、人脸签到、人脸考勤、人脸闸机、会员识别、安防监控、相册分类、人脸美颜等，因此学生对人脸识别的学习兴趣普遍较高。

经过先前的人工智能基础的学习，本专业学生已经具备了一定的理论知识。但是目前的知识以理论为主，缺乏实践教学内容，无法培养学生的实践能力和创新能力。同时，实践环节的缺乏导致学生对于所学的知识掌握得并不牢固，只停留在表面，并没有内化形成稳定的知识体系。因此，教师在学生体验人脸识别的过程中应该尽可能地突出从理论到实践的过渡，使学生从案例中学到更加实用的知识和技能。

四、教学目标

一）知识与技能

（1）了解人脸识别的相关概念及发展历程。

（2）掌握人脸识别系统的组成，了解常用的人脸识别算法。

（3）学会安装 OpenCV 和 face_recognition，搭建人脸识别的开发环境。

（4）利用 OpenCV 和 face_recognition 编写代码实现各种人脸识别的功能。

二）过程与方法

（1）安装 OpenCV 和 face_recognition，安装 face_recognition 前要先安装 dlib。

（2）利用 OpenCV 和 face_recognition 编写代码实现检测给定图像中的所有人脸、识别图像中的人脸、实时人脸识别、检测和标记图像中的人脸特征、识别人脸并进行美颜等功能。

三）情感态度与价值观

（1）感受人脸识别的实际应用价值。

（2）培养学生的实践能力和创新能力。

（3）激发学生不断探索和学习新知识的欲望，为"人工智能初步"的教学打下基础。

五、教学重点与难点

重点：实现和体验各种人脸识别的功能。

难点：face_recognition 的安装及代码的编写。

六、教学课时

本节教学课时为 3 课时。

七、教学方法

本节主要采用讲授法、讨论法、直观演示法、练习法、任务驱动法和自主学习法。

教学中以课堂讲授为主，安排 5 个案例演示，通过小组讨论、教师总结的方式，使学生交流听讲过程中的感受，加深对人脸识别的理解。布置课外作业，引导学生通过自主查阅资料，探究性地完成学习任务，对作业资料进行整理，选出代表进行讲解，最后由教师进行总结。

八、教学环境

教室：多媒体网络教室。

教师机：要求连接一台高性能教师机，以进行深度学习的训练和测试。

学生机：要求装有 Python3.6～3.9 及相应的数据依赖库。

九、教学过程

一）创设情境，激发兴趣

教师活动：播放人脸识别技术在人脸支付、人脸开卡、人脸登录、VIP 人脸识别、人脸签到、人脸考勤、人脸闸机、会员识别、安防监控、相册分类、人脸美颜等领域的应用案例。提出问题：人脸识别在我们生活中已经有了大量的应用，人脸识别是怎么工作的呢？

学生活动：观看视频。

设计意图：通过视频片段快速吸引学生的注意力，引起学生的学习兴趣，激发其学习热情。

二）讲授人脸识别的相关知识

教师活动：首先讲授人脸识别的相关概念，然后讲授人脸识别的发展历程，最后详细讲授人脸识别系统的组成和常用的人脸识别算法。

学生活动：听课及思考。

设计意图：使学生了解人脸识别的相关概念和工作原理。

三）安装 OpenCV 和 face_recognition

教师活动：带领学生一步一步安装开发环境，具体如下。

步骤 1：安装 dlib。安装包可以在 Python 官方的包索引列表中下载，根据 Python 版本和操作系统下载对应的.whl 文件，一般安装 19.7.0 以上版本的 dlib，以下载 dlib-19.7.0-cp36-cp36m-win_amd64.whl 为例，下载完成之后，进入命令行窗口，到对应的文件夹中运行下面的代码命令：

```
pip install dlib-19.7.0-cp36-cp36m-win_amd64.whl
```

步骤 2：安装 face_recognition。在命令行窗口中运行下面的代码命令：

```
pip install face_recognition
```

步骤 3：安装 OpenCV。在命令行窗口中运行下面的代码命令：

```
pip install opencv-python
```

做一做

（1）安装 face_recognition。

（2）安装 OpenCV。

学生活动：搭建人脸识别开发环境。

设计意图：使学生学会搭建人脸识别开发环境。

四）利用 OpenCV 和 face_recognition 编写代码实现各种人脸识别的功能

教师活动：利用搭建的人脸识别开发环境实现人脸检测的各种应用。

 做一做

应用 1：检测给定图像中的所有人脸。本实例所用的程序代码如下：

```
#检测给定图像中的所有人脸
import face_recognition
import cv2
#读取图像并识别人脸
img = face_recognition.load_image_file("IMG1.png")
face_locations = face_recognition.face_locations(img)
print (face_locations)
#调用opencv函数显示图像
img = cv2.imread("IMG1.png")
cv2.namedWindow("original_img")
cv2.imshow("original_img", img)
#遍历每个人脸，并进行标注
faceNum = len(face_locations)
for i in range(0, faceNum):
    top =  face_locations[i][0]
    right =  face_locations[i][1]
    bottom = face_locations[i][2]
    left = face_locations[i][3]
    start = (left, top)
    end = (right, bottom)
    color = (55,255,155)
    thickness = 3
    cv2.rectangle(img, start, end, color, thickness)
#显示检测识别结果
cv2.namedWindow("detect_faces")
cv2.imshow("detect_faces", img)
cv2.waitKey(0)
cv2.destroyAllWindows()
```

在本实例中，将所用图像的名称命名为 IMG1.png，运行上述程序能检测出图像中的人脸，并给所有人脸标上方框。

应用 2：识别图像中的人脸。本实例所用的程序文件命名为 face_comparison.py，程序代码如下：

```
#识别图像中的人脸
#导入所需要的库
import os
import face_recognition
#制作所有可用图像的列表
images = os.listdir('images')
#加载图像
image_to_be_matched = face_recognition.load_image_file('my_image.png')
```

```
#将加载图像编码为特征向量
image_to_be_matched_encoded = face_recognition.face_encodings(
image_to_be_matched)[0]
#遍历每张图像
for image in images:
    #加载图像
    current_image = face_recognition.load_image_file("images/" + image)
    #将加载图像编码为特征向量
    current_image_encoded =
        face_recognition.face_encodings(current_image)[0]
    #将你的图像和图像对比,判断是否为同一人
    result = face_recognition.compare_faces(
        [image_to_be_matched_encoded], current_image_encoded)
    #检查图像是否一致
    if result[0] == True:
        print ("Matched: " + image)
    else:
        print ("Not matched: " + image)
```

代码中首先利用 face_recognition 将要查看的图像加载,并将图像编码为特征向量,然后将 images 文件中的每一张图像都编码为特征向量,并进行对比,输出结果。

应用 3:实时人脸识别。本实例所用的程序代码如下:

```
#实时人脸识别
import face_recognition
import cv2
video_capture = cv2.VideoCapture(0)
hl_img = face_recognition.load_image_file("hl.png")
hl_face_encoding = face_recognition.face_encodings(hl_img)[0]
face_locations = []
face_encodings = []
face_names = []
process_this_frame = True
while True:
    ret, frame = video_capture.read()
    small_frame = cv2.resize(frame,(0,0),fx=0.25, fy=0.25)
    if process_this_frame:
    face_locations = face_recognition.face_locations(small_frame)
    face_encodings = face_recognition.face_encodings
        (small_frame, face_locations)
    face_names = []
        for face_encoding in face_encodings:
            match = face_recognition.compare_faces(
            [obama_face_encoding], face_encoding)
            if match[0]:
                name = "HL"
            else:
                name = "unkonwn"
    face_names.append(name)
    process_this_frame = not process_this_frame
    for (top, right, bottom, left), name in
```

```
        zip(face_locations, face_names):
        top *= 4
        right *= 4
        bottom *= 4
        left *= 4
        cv2.rectangle(frame, (left, top),
            (right, bottom), (0, 0, 255), 2)
        cv2.rectangle(frame, (left, bottom - 35),
            (right, bottom), (0, 0, 255), 2)
        font = cv2.FONT_HERSHEY_DUPLEX
        cv2.putText(frame, name, (left+6, bottom-6),
            font, 1.0, (255, 255, 255), 1)
    cv2.imshow('Video', frame)
    #按 Q 键退出, 结束程序
    if cv2.waitKey(1) & 0xFF == ord('q'):
        break
video_capture.release()
cv2.destroyAllWindows()
```

应用 4：检测和标记图像中的人脸特征。本实例所用的程序代码如下：

```
#检测和标记图像中的人脸特征
from PIL import Image, ImageDraw
import face_recognition
#将 png 文件加载到 numpy 数组中
image = face_recognition.load_image_file("my_image.png")
#查找图像中所有的面部特征
face_landmarks_list = face_recognition.face_landmarks(image)
#打印发现的脸的张数
print("I found {} face(s) in this
    photograph.".format(len(face_landmarks_list)))
for face_landmarks in face_landmarks_list:
    #打印此图像中每个面部特征的位置
    facial_features = [
        'chin',
        'left_eyebrow',
        'right_eyebrow',
        'nose_bridge',
        'nose_tip',
        'left_eye',
        'right_eye',
        'top_lip',
        'bottom_lip'
    ]
    for facial_feature in facial_features:
    print("The {} in this face has the following points: {}"
        .format(facial_feature, face_landmarks[facial_feature]))
    #在图像中描绘出每个人脸的特征
    pil_image = Image.fromarray(image)
    d = ImageDraw.Draw(pil_image)
    for facial_feature in facial_features:
        d.line(face_landmarks[facial_feature], width=5)
```

```
pil_image.show()
```

应用 5：识别人脸并进行美颜。本实例所用的程序代码如下：

```
#识别人脸并进行美颜
from PIL import Image, ImageDraw
import face_recognition
#将 png 文件加载到 numpy 数组中
image = face_recognition.load_image_file("my_image.png")
#查找图像中所有的面部特征
face_landmarks_list = face_recognition.face_landmarks(image)
for face_landmarks in face_landmarks_list:
    pil_image = Image.fromarray(image)
    d = ImageDraw.Draw(pil_image, 'RGBA')
    d.polygon(face_landmarks['left_eyebrow'], fill=(68, 54, 39, 128))
    d.polygon(face_landmarks['right_eyebrow'], fill=(68, 54, 39, 128))
    d.line(face_landmarks['left_eyebrow'],
        fill=(68, 54, 39, 150), width=5)
    d.line(face_landmarks['right_eyebrow'],
        fill=(68, 54, 39, 150), width=5)
    d.polygon(face_landmarks['top_lip'], fill=(150, 0, 0, 128))
    d.polygon(face_landmarks['bottom_lip'], fill=(150, 0, 0, 128))
    d.line(face_landmarks['top_lip'], fill=(150, 0, 0, 64), width=8)
    d.line(face_landmarks['bottom_lip'], fill=(150, 0, 0, 64), width=8)
    d.polygon(face_landmarks['left_eye'], fill=(255, 255, 255, 30))
    d.polygon(face_landmarks['right_eye'], fill=(255, 255, 255, 30))
    d.line(face_landmarks['left_eye'] + [face_landmarks
        ['left_eye'][0]], fill=(0, 0, 0, 110), width=6)
    d.line(face_landmarks['right_eye'] + [face_landmarks
        ['right_eye'][0]], fill=(0, 0, 0, 110), width=6)
    pil_image.show()
```

想一想

在人脸识别中，有没有识别错误或识别不出来的现象？你对人脸识别的结果是否满意？

说一说

经过案例演示和动手练习，你认为构建人脸识别的流程是什么？自己动手绘制流程图并进行解释。

学生活动：动手编写代码实现各种人脸检测的应用。

设计意图：提高学生的代码编写能力，做到理论与实践相结合。

五）人脸识别原理及应用总结

教师活动：带领学生回顾人脸识别原理，总结人脸识别的过程，分析人脸识别解决方案的准确性。

学生活动：以正确的态度看待人脸识别的相关产品的不足之处。

设计意图：对案例活动中涉及的原理进行归纳总结，将其上升到理论知识层面。

六）课堂小结

教师活动：小结本节的主要内容。回顾本节知识点，具体如下。

（1）了解人脸识别的相关概念及发展历程。

（2）掌握人脸识别系统的组成，了解常用的人脸识别算法。

（3）学会安装 OpenCV 和 face_recognition、编写代码实现各种人脸识别的功能。

学生活动：通过体验人脸识别，了解人脸识别的工作流程，感受人脸识别的实际价值。与教师一起回顾本节知识点，并对其进行归纳总结。

设计意图：帮助学生梳理课堂学习内容，将知识点内化到知识体系中。

十、教学反思

一）教学中的优点

本节采用案例教学模式，帮助学生在独立操作体验的过程中形成对人脸识别工具独特的认知，并且进行人脸识别体验和相互交流讨论，对原理总结归纳。在教学过程中，教师给予学生较大的自主学习空间。因此，学生的学习积极性和主动性高涨，能够自主学习。

二）教学中的不足

本节教学内容多，教学节奏快，虽然以案例教学模式开展教学，但是理论知识的讲授设置不够细化。因此，理论基础差的学生难以掌握人脸识别的理论框架。另外，人脸识别的案例对学生编写代码的要求较高，编程能力较差的学生难以编写相应的代码。

第二节 基于 PyTorch 框架的图像分类

一、教学内容

图像识别是人工智能的一个重要领域，它是指利用计算机对图像进行处理、分析和理解，以识别不同模式的目标和对象的技术。图像识别是非常重要的人工智能技术，且该技术仍然是科学研究的前沿和热点，学生有必要学习与图像识别相关的基础知识和工具。本节要求学生使用搭建图像识别的开发环境，利用 PyTorch 框架实现图像识别，并形成感性认识。目前，Python 语言在人工智能领域得到越来越广泛的应用，在职业发展上也越来重要，以此激励学生努力学习并掌握 Python 语言与 PyTorch 框架。

二、教材分析

本节的主要内容是让学生学会搭建图像识别的开发环境，了解卷积神经网络（Convolution Neural Network，CNN）的原理，利用 PyTorch 框架构建神经网络模型 LeNet 以识别 CIFAR10 数据集中的图像，探讨其基本工作过程及原理，了解其实际应用价值，展望图像识别的应用前景，最终使学生对图像识别形成感性认知。

学生通过体验图像识别工具的操作过程，可以激发自身对图像识别及人工智能的兴趣；了解图像分类的流程与基本知识；熟悉图像分类和 PyTorch 框架的发展现状、操作方法和运用方式，从而为从事智能图像分类的相关工作做好铺垫。

三、学情分析

学生主体认知水平的飞速提高和对知识、技术的需求旺盛，求学目的多元化和复杂化，学习方式日益丰富；中国共产党第十九次全国代表大会（简称党的十九大）提出建设教育强国工程；进入新时代后，学生更注重学习的获得性体验，尤其对生活中的人脸识别充满好奇，这些因素正是学好本节的前提。

经过前期的人工智能基础的学习，本专业学生已经具备了一定的基础知识和操作技能（熟悉常用的术语和基本的软件工具），但对图像识别及 PyTorch 框架的使用并不熟悉。因此，教师在帮助学生体验图像识别的过程中应该尽可能地突出多元教学，使用学生喜闻乐见的案例教学，使学生从案例中学到更加实用的知识和技能。

四、教学目标

一）知识与技能

（1）初步了解图像识别的相关概念。

（2）了解卷积神经网络的原理。

（3）能够从本节的学习和操作过程中了解 PyTorch 框架及其应用。

二）过程与方法

（1）搭建图像识别开发环境，下载安装 Anaconda 和 PyTorch 框架。

（2）利用 PyTorch 框架构建神经网络模型 LeNet，训练神经网络并利用训练好的模型识别 CIFAR10 数据集中的图像。

三）情感态度与价值观

（1）感受图像识别的魅力，体会其实际应用价值。

（2）培养学生的探究能力及类比推理能力。

（3）激发学生不断探索和学习新知识的欲望，为"人工智能初步"的教学打下基础。

五、教学重点与难点

重点：利用 PyTorch 框架实现图像识别。

难点：卷积神经网络的工作原理。

六、教学课时

本节教学课时为 3 课时。

七、教学方法

本节主要采用讲授法、讨论法、直观演示法、练习法、任务驱动法和自主学习法。

教学中以课堂讲授为主，安排 2 个案例演示，通过小组讨论、教师总结的方式，使学生交流听讲过程中的感受，加深对卷积神经网络的理解。布置课外作业，引导学生通过自主查阅资料，探究性地完成学习任务，对作业资料进行整理，选出代表进行讲解，最后由教师进行总结。

八、教学环境

教室：多媒体网络教室。

教师机：要求连接一台高性能教师机，以进行深度学习的训练和测试。

学生机：要求装有 Python3.6～3.8、PyTorch 框架及相应的数据依赖库。

九、教学过程

一）创设情境，激发兴趣

教师活动：播放图像识别在人脸识别、导航、地图与地形配准、自然资源分析、天气预报、环境监测、生理病变研究等许多领域的应用案例。提出问题：图像识别在生活中已经有了大量的应用，它是怎样工作的呢？

学生活动：观看视频。

设计意图：通过视频片段快速吸引学生的注意力，引起学生的学习兴趣，激发其学习热情。

二）卷积神经网络介绍

教师活动：首先介绍卷积神经网络的基础知识，然后介绍一些常见的卷积神经网络的结构。

设计意图：使学生了解卷积神经网络的工作原理。

三）搭建图像识别的开发环境

教师活动：带领学生一步一步安装开发环境，开发环境主要是由 Anaconda 与 PyTorch 框架组成的，具体如下。

步骤 1：基于 Anaconda 创建一个纯净的 PyTorch 框架子环境，name 为环境名称，并安装 Python3.6。运行的代码如下：

```
conda create -n name pip python=3.6
```

步骤 2：激活创建的子环境。运行的代码如下：

```
conda activate name
```

步骤 3：访问 PyTorch 框架官网，选择对应的安装环境，并复制下方给出的安装命令：

```
conda install pytorchtorchvisioncudatoolkit=10.0 -c pytorch
```

步骤 4：在步骤 2 中激活的 PyTorch 框架环境下，运行步骤 3 中复制的安装命令，开始安装 PyTorch 框架。

做一做

（1）安装 Anaconda。

（2）安装 PyTorch 框架。

学生活动：搭建图像识别的开发环境。

设计意图：使学生学会搭建图像识别的开发环境。

四）利用 PyTorch 框架实现图像分类

教师活动：介绍常用的数据集（MNIST 数据集、CIFAR 数据集、ImageNet 数据集、Kaggle 数据集）。

做一做

利用 PyTorch 框架构建神经网络模型 LeNet，训练神经网络并利用训练好的模型识别 CIFAR10 数据集中的图像。

CIFAR 数据集包括 CIFAR10 和 CIFAR100 两个版本，本节将介绍如何利用 LeNet 神经网络识别 CIFAR10 数据集中的图像。

CIFAR10 是由 Geoffrey Hinton 的学生 Alex Krizhevsky 和 IIya Sutskever 整理的一个用于识别普通物体的小型数据集。该数据集包含 10 个类别的 RGB 彩色图片：飞机、小汽车、鸟类、猫、鹿、狗、蛙类、马、船和卡车。图片的尺寸为 32 像素×32 像素，数据集中一共有 50 000 张训练图片和 10 000 张测试图片。

LeNet 神经网络诞生于 1994 年，是最早的卷积神经网络之一，距今已有 20 多年的历史。从图 2.1 中可以看出 LeNet 神经网络的结构并不复杂，它包含 7 层结构，其中，C1 层是卷积层，S2 层是池化层，C3 层是卷积层，S4 层是池化层，F5 层是全连接层，F6 层是全连接层。

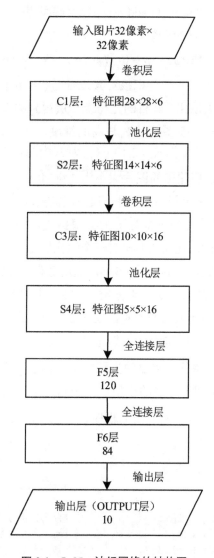

图 2.1 LeNet 神经网络的结构图

图 2.1 中给出的例子是将一张 32 像素×32 像素的灰度图片作为输入，相对于彩色图片拥有 R、G、B 3 个通道而言，它的通道数为 1。所以输入的灰度图片的维度应该是 32×32×1。进入神经网络后，首先进入 C1 层，C1 层是具有 6 个 5×5 的卷积核的卷积层。

对于输入为 $W_{in}×H_{in}×D_{in}$ 的特征图，输出为 $W_{out}×H_{out}×D_{out}$ 的卷积过程，输入层和输出层之间的参数关系为

$$W_{out} = \frac{W_{in} + 2p - f}{s} + 1$$
$$H_{out} = \frac{H_{in} + 2p - f}{s} + 1 \tag{2.1}$$
$$D_{out} = k$$

式中，f 为卷积核的大小；p 为填充（padding）；s 为卷积步长（strides），即让卷积核跳过几个单位进行卷积；k 为卷积核的个数。

在 C1 层中，$W_{in} × H_{in} = 32 × 32$，$p = 0$，$f = 5$，$s = 1$，$k = 6$，因此可以计算得出输出图片的大小为 28×28×6（6 表示有 6 个卷积核对其进行卷积的操作，因此维度变成了 6）。然后进入 S2 层，使用的是最大池化，其目的是将上一层得到的特征图进行池化减小，因此在该层中通道数不会增加，只改变图片的宽与高的维度。一般最大池化层的卷积核大小为 2×2，卷积步长 s 也为 2，因此根据式（2.1）（此时式中的 W_{in} 和 H_{in} 为前一层输入图片的大小，即 28）可以计算得到该层输出的图片大小为 14×14×6。接着进入 C3 层，该层仍然是卷积层，其卷积核大小和卷积步长与 C1 层一致，但需要注意的是，该层使用了 16 个卷积核，因此输出图片的通道数也相应地变为了 16，根据式（2.1）可以计算得到输出图片的大小为 10×10×16。后续进入的池化层 S4 与前一个池化层 S2 一致，卷积核与卷积步长均相同，所以输出图片的高度和宽度均减半为 5×5，通道数仍为 16。之后进入的 F5 层，和 F6 层都是全连接层。全连接层的目的是实现分类，图 2.1 中的 120 和 84 表示特征图的数量，而 OUTPUT 代表的含义是判断输出的类别，在图 2.1 中，最后的输出 10 代表能判别 10 种事物，如数字 0～9，该数值的取值因训练集而异。

搭建基于 LeNet 神经网络的分类器的步骤如下。构造一个分类器主要包括构建神经网络模型、训练神经网络、利用训练好的模型进行预测三个方面，具体如下。

① 构建神经网络模型。本实例所用的程序代码如下：

```
#构建神经网络模型
import torch.nn as nn
import torch.nn.functional as F
class LeNet(nn.Module):                      #继承 nn.Module 父类
    def __init__(self):
        super(LeNet, self).__init__()        #继承父类的构造函数
        self.conv1 = nn.Conv2d(3, 6, 5)      #定义第一个卷积层
        self.pool1 = nn.MaxPool2d(2, 2)      #第一个最大池化操作
        self.conv2 = nn.Conv2d(6, 16, 5)     #定义第二个卷积层
        self.pool2 = nn.MaxPool2d(2, 2)      #第二个最大池化操作
```

```
    self.fc1 = nn.Linear(16*5*5, 120)        #全连接层
    self.fc2 = nn.Linear(120, 84)
    self.fc3 = nn.Linear(84, 10)
def forward(self, x):
    x = F.relu(self.conv1(x))        #输入(3, 32, 32)，输出(6, 28, 28)
    x = self.pool1(x)                #输出(6, 14, 14)
    x = F.relu(self.conv2(x))        #输出(16, 10, 10)
    x = self.pool2(x)                #输出(16, 5, 5)
    x = x.view(-1, 16*5*5)           #利用view函数进行展平处理
    x = F.relu(self.fc1(x))          #输出(120)
    x = F.relu(self.fc2(x))          #输出(84)
    x = self.fc3(x)                  #输出(10)
    return x
```

该代码是根据 PyTorch 框架的官方 demo(LeNet)实现的，其实现的原理与前面所讲述的 LeNet 神经网络的原理一致，不同的是，由于该神经网络模型所使用的训练集是 CIFAR10，该训练集里的图片都是彩色图片，因此输入的图片的通道数均为 3，故在定义第一个卷积层代码中 nn.Conv2d()中的第一个参数为 3，代表输入图片的通道数为 3。输出层参数为 10，这是由于本次所使用的训练集中有 10 种不同类别的事物的图片。

在上述代码中，forward 函数表示的是前向传播的过程，其使用的激活函数是 relu 函数。使用 relu 函数作为激活函数的原因是，它可以使一部分神经元的输出为 0，造成网络的稀疏性，从而可以缓解发生过度拟合的问题，同时减少计算量。在代码中使用了 view 函数，其目的是进行展平处理，这是由于在经过第二个池化层后，接下来的一层是全连接层，而全连接层中的参数是一维的，所以需要将经过池化层池化后的多维向量展平，最终得到一个输出。

② 训练神经网络。本实例所用的程序代码如下：

```
#训练神经网络
import torch
import torchvision
import torch.nn as nn
from model import LeNet
import torch.optim as optim
import torchvision.transforms as transforms
import numpy as np
import matplotlib.pyplot as plt
def main():
    #图片预处理
    transform = transforms.Compose(
        [transforms.ToTensor(),
        #将原始图片的维度由（H×W×C）转变为（C×H×W）
        #将像素点的灰度范围从[0, 255]转变为[0.0, 1.0]
        transforms.Normalize((0.5, 0.5, 0.5), (0.5, 0.5, 0.5))])
    #50 000张训练图片
    #第一次使用时要将download设置为True才会自动下载数据集
    #我们已经下载了数据集，所以download设置为False
```

23

```
train_set = torchvision.datasets.CIFAR10(root='./data', train=True,
    download=False,transform=transform)
#读取训练集数据，每次随机训练 36 张图片
train_loader = torch.utils.data.DataLoader(
    train_set, batch_size=36,
    shuffle=True, num_workers=0)
#10 000 张测试图片
val_set = torchvision.datasets.CIFAR10(root='./data', train=False,
    download=False,transform=transform)
#读取测试集数据，每次训练 10000 张图片
val_loader = torch.utils.data.DataLoader(val_set, batch_size=10000,
    shuffle=False, num_workers=0)
val_data_iter = iter(val_loader)                    #转换成迭代器
val_image, val_label = val_data_iter.next()
net = LeNet()
net.to(device)                                      #将网络分配到对应的 device
loss_function = nn.CrossEntropyLoss()               #计算损失熵
optimizer = optim.Adam(net.parameters(), lr=0.001)
for epoch in range(5):
    running_loss = 0.0
    for step, data in enumerate(train_loader, start=0):#枚举
        #获取输入数据存入 inputs 和 labels 变量
        inputs, labels = data
        #将参数的梯度设置为 0
        optimizer.zero_grad()
        #forward + backward + optimize
        outputs = net(inputs.to(device))
        loss = loss_function(outputs, labels.to(device))
        loss.backward()                         #对梯度损失进行梯度反向传播
        optimizer.step()                        #更新参数
        #打印统计数据
        running_loss += loss.item()
        if step % 500 == 499:                   #每 500 张图片批处理后打印一次
            with torch.no_grad():               #不累积梯度误差
                outputs = net(val_image.to(device))       #[批, 10]
                predict_y = torch.max(outputs, dim=1)[1]
                accuracy = torch.eq(predict_y,
                    val_label.to(device)).sum().item()
                        / val_label.size(0)
                #将 val_label 分配到对应的 deivice 变量
                print('[%d, %5d]
                    train_loss: %.3f test_accuracy: %.3f' %
                    (epoch + 1, step + 1, running_loss / 500, accuracy))
                running_loss = 0.0
    print('Finished Training')
    save_path = './Lenet.pth'
    torch.save(net.state_dict(), save_path)           #保存网络模型参数
if __name__ == '__main__':
    #如果有 GPU 则使用 GPU，如果没有 GPU 则使用 CPU
    device = torch.device("cuda:0" if torch.cuda.is_available()
        else "cpu")
```

```
print(device)
main()
```

上述程序代码用于训练神经网络。首先将输入的图片进行预处理，一般来说图片大小是以高度×宽度×通道的形式进行保存的，但是在 PyTorch 框架中的通道排序为[batch, channel, height, width]，因此要用 transforms.ToTensor()将图片的保存形式变为 PyTorch 框架中的图片保存形式，同时将像素点的灰度范围[0,255]变为[0,1]，用 transforms. Normalize()是为了将归一化后的范围[0,1]变为[-1,1]，这样就可以将元素均匀地分布在[-1,1]之间，使每个样本图片变成了均值为 0、方差为 1 的标准正态分布。然后的操作就是下载和读取训练集和测试集，读取训练集中 batch_size 设置为 36 的目的是，训练的时候每一组取 36 张图片进行训练，shuffle=True 表示的是随机取 36 张图片进行训练。在测试集中，batch_size 设置为 10 000 的目的是，直接将测试集全部导入并计算测试集的准确率，通过 next()可以将测试集图像转换成图像和标签的形式。

使用 net＝LeNet()导入步骤①搭建好的模型，并定义好损失函数、优化器及给定学习率 α 的值。接下来进入一个训练过程，第一个 for 循环代表着将训练集迭代 5 次，迭代次数越多训练效果越好，但相应的计算量也会增大。为了有一个较快的训练速度，将迭代次数设置为 5。第二个 for 循环的目的是利用枚举的思想将每一批数据返回的同时，返回它们相应的索引值。可以将得到的数据分为 inputs（输入的图像）及 labels（图像对应的标签）。在计算出输出的损失值之后，先使用 loss.backward()对梯度进行反向传播，再通过 optimizer.step()更新参数，最后打印输出样本训练的过程。

训练完毕后，将训练好的参数保存在同一个目录下的 Lenet.pth 中，这么做的好处是参数不需要经过多次的训练步骤就可以直接用于预测。

③ 利用训练好的模型进行预测。本实例所用的程序代码如下：

```
#利用训练好的模型进行预测
import matplotlib.pyplot as plt
import torch
import torchvision.transforms as transforms
from PIL import Image
from model import LeNet
def main():
    transform = transforms.Compose(
        [transforms.Resize((32, 32)),              #将图片大小转换为 32 像素×32 像素
            transforms.ToTensor(), transforms.Normalize(
                (0.5, 0.5, 0.5), (0.5, 0.5, 0.5))])
    classes = ('plane', 'car', 'bird', 'cat',
               'deer', 'dog', 'frog', 'horse', 'ship', 'truck')
    net = LeNet()
    net.load_state_dict(torch.load('Lenet.pth'))  #读取训练过后的网络参数
    im = Image.open('test/plane.jpg').convert('RGB')
    im = transform(im)                        #[C, H, W]: C——通道, H——高度, W——宽度
    im = torch.unsqueeze(im, dim=0)           #[N, C, H, W]
    with torch.no_grad():
```

```
        outputs = net(im)
        predict = torch.max(outputs, dim=1)[1].data.numpy()
    print("该图片类型为", classes[int(predict)])
    '''
        #如果想要观察网络预测的各个概率，可以用下面的代码
        predict = torch.softmax(outputs, dim=1)
    print(predict)
    '''
if __name__ == '__main__':
    main()
```

上述为预测图片类型的代码，较为简单。先将要预测的图片进行预处理，预处理的操作与前面所讲的相同，然后直接读取已经训练好的模型的参数用于预测，可以预测的类型有飞机、小汽车、鸟、猫、鹿、狗、青蛙、马、船、卡车 10 种类型，这也对应了前面将输出层参数设置为 10。

想一想

在图像识别时，有没有识别错误或识别不出来的现象？你对图像识别的结果是否满意？

说一说

经过案例演示和动手练习，你认为构建图像识别的流程是什么？自己动手绘制流程图并进行解释。

学生活动：了解常用的数据集，利用 PyTorch 框架实现图像识别，并回答问题。

设计意图：使学生了解常用的数据集，利用 PyTorch 框架实现图像识别并分析效果。

五）图像识别原理总结

教师活动：带领学生回顾图像识别原理，总结其识别过程，分析图像识别解决方案的准确性。如今，人工智能技术在人类的生活和工作中被广泛应用，图像识别技术是人工智能中的重要技术。

学生活动：以正确的态度看待图像识别的相关产品的不足之处。

设计意图：帮助学生对案例活动中涉及的原理进行归纳总结，将其上升到理论知识层面。

六）课堂小结

教师活动：小结本节的主要内容。回顾本节知识点，具体如下。

（1）什么是图像识别？

（2）图像识别通过什么样的方式融入我们的生活？

（3）卷积神经网络是如何工作的？

学生活动：通过体验图像识别等软件和工具，了解图像识别的工作流程，感受图像识别的实际价值。与教师一起回顾本节知识点，并对其进行归纳总结。

设计意图：帮助学生梳理课堂学习内容，将知识点内化到知识体系中。

十、教学反思

一）教学中的优点

本节采用案例教学模式，帮助学生在独立操作体验的过程中形成对图像识别工具独特的认知，并进行图像识别体验和相互交流讨论，对原理总结归纳。在教学过程中，教师给予学生较大的自主学习空间。因此，学生的学习积极性和主动性高涨，能够自主学习。

二）教学中的不足

本节教学内容多，教学节奏快，虽然以案例教学模式开展教学，但是理论知识的讲授设置不够细化。因此，理论基础差的学生在规定的时间内难以掌握图像识别的理论框架。

参考文献

[1] Wang M, Deng W. Deep face recognition:survey [J]. Neurocomputing, 2021, 429(1):215-244.

[2] Yang M-H, Kriegman D J, Ahuja N. Detecting faces in images:a survey [J]. IEEE Transactions on Pattern Analysis and Machine Intelligence, 2002, 24(1):34-58.

[3] Turk M, Pentland A. Eigenfaces for recognition [J]. Journal of cognitive neuroscience, 1991, 3(1):71-86.

[4] Taigman Y, Ming Y, Ranzato M, et al. DeepFace:Closing the Gap to Human-Level Performance in Face Verification[C]. IEEE Conference on Computer Vision and Pattern Recognition, 2014, 1701-1708.

[5] Sun Y, Wang X, Tang X. Deep Learning Face Representation from Predicting 10,000 Classes[C]. IEEE Conference on Computer Vision and Pattern Recognition, 2014, 1891-1898.

[6] Lecun Y, Bottou L. Gradient-based learning applied to document recognition [J]. Proceedings of the IEEE, 1998, 86(11):2278-2324.

[7] Krizhevsky A, Sutskever I, Hinton G. ImageNet Classification with Deep Convolutional Neural Networks[J]. Communications of the ACM, 2017, 60(6):84-90.

[8] Szegedy C, Wei L, Jia Y, et al. Going deeper with convolutions[C]. IEEE Conference on Computer Vision and Pattern Recognition (CVPR), 2015, 1-9.

[9] Deng J, Dong W, Socher R, et al. ImageNet:A Large-Scale Hierarchical Image Database[C]. IEEE Computer Vision and Pattern Recognition, 2009, 248-255.

[10] He K, Zhang X, Ren S, et al. Deep residual learning for image recognition [C]. IEEE Conference on Computer Vision and Pattern Recognition, 2016, 770-778.

思考题

1. 概述什么是图像识别。
2. 简述人脸识别系统的组成，以及常用的人脸识别算法。
3. 讨论图像识别通过什么样的方式融入我们的生活。

第三章　智能视频数据分析案例

本章导读

本章从视频数据的角度出发，分两节对智能视频数据分析进行介绍。第一节对视频信号的读取方法进行介绍，重点介绍图形用户界面（Graphical User Interface, GUI）的含义、设计和制作过程，以及视频在 GUI 中的显示。第二节对视频目标检测进行介绍，重点介绍基于深度学习的视频目标检测的任务，探讨其基本工作过程及原理，了解其实际应用价值，展望视频目标监控的应用前景。

视频处理是指对由摄像机或录像机得到的视频进行处理，包括分割、识别和追踪等技术，应用场景有行人行为分析、人员状态分析、人流/车流拥堵分析等。随着 5G 和移动通信基础设施的完善，全民视频的时代已经到来，有网络数据报告指出，超过 70% 的互联网流量来自视频。人工智能技术能够提高视频处理的效率，并释放人力和降低成本。

过去几年，视频监控得到爆发式的增长，当前和未来的发展趋势是智能视频监控和视频分析技术。传统的视频监控由人工进行视频检测发现安全隐患或异常情况，而智能视频监控可以主动收集和分析视频数据，用于人体行为检测、安防、智能交通等。

视频分析是指使用人工智能中的图像视觉分级技术，通过将目标从背景中分离出来，进而分析并追踪场景内目标的技术。视频分析对视频进行运动检测和音频检测，使监控系统更加智能，从而形成智能视频监控系统。智能视频监控系统可以实时地分析监控视频，对视频中的区域进行标注，检测可疑活动，进而激活报警或激活其他动作以提醒操作员。

第一节 GUI 视频显示

一、教学内容

随着人工智能的兴起，视频目标识别与检测已经成为我们日常生活中常见的应用之一，因此人工智能相关专业的学生需要掌握视频目标识别和检测技术。本节要求学生掌握通过 PyCharm 软件和 Python 语言实现视频读取并在 GUI 显示的基本操作原理，初步实现视频图像在 GUI 的显示功能。目前，人工智能领域的 GUI 广泛应用于智能手机、智能家居等智能电子产品，极大地方便了人们的操作。

二、教材分析

本节的主要内容是帮助学生使用 PyCharm 软件，通过 Python 语言实现视频的读取，利用 Qt Designer 设计 GUI 及实现 GUI 视频显示，探讨其基本工作过程及原理，了解其实际应用价值，展望视频目标检测的应用前景，最终使学生对视频目标检测技术有更深入的认知。

三、学情分析

学生的主体认知水平的飞速提高和对知识、技术的需求旺盛，求学目的多元化和复杂化，学习方式日益丰富；党的十九大提出建设教育强国工程；进入新时代后，学生更注重学习的获得性体验，尤其对"无所不能"的智能机器人充满好奇，这些因素正是学好本节的前提。

经过前期的人工智能基础的学习，本专业学生已经具备了一定的基础知识和操作技能（熟悉常用的术语和基本的软件工具）。但对视频读取与 GUI 专用工具的使用尚未灵活掌握。因此，教师在让学生体验视频读取并在 GUI 显示的实验中应该尽可能地突出多元教学，使用学生喜闻乐见的案例教学，使学生从案例中学到更加实用的知识和技能。

四、教学目标

一）知识与技能

（1）初步了解 GUI 设计和 GUI 视频显示的概念。

（2）了解 Python 语言实现视频读取和 GUI 视频显示的操作。

（3）能够从本节的学习和操作过程中简单了解 Python 语言实现视频读取和用 Qt Designer 软件进行 GUI 设计的工作过程及原理。

二）过程与方法

（1）通过 Python 语言、Qt Designer 和 PyCharm 等软件，体验 Python 语言实现视频读取、用 Qt Designer 软件进行 GUI 设计和 GUI 视频显示的工作过程，了解其实际应用价值。

（2）通过视频体会 Python 语言实现视频读取、GUI 设计和 GUI 视频显示的工作原理。

三）情感态度与价值观

（1）感受视频读取和 GUI 设计的魅力，体会其实际应用价值。

（2）培养学生的探究能力及类比推理能力。

（3）激发学生不断探索和学习新知识的欲望，为"人工智能初步"的教学打下基础。

五、教学重点与难点

重点：应用、体验视频读取和熟练应用 GUI 显示工具 Qt Designer。

难点：了解 GUI 设计和 GUI 视频显示的工作原理。

六、教学课时

本节教学课时为 3 课时。

七、教学方法

本节主要采用讲授法、讨论法、直观演示法、练习法、任务驱动法和自主学习法。

教学中以教师课堂讲授为主，通过 2 个案例演示，总结工作原理和操作流程。通过设置小组讨论，使学生交流听讲过程中的感受，加深对 GUI 视频显示方式的理解。学生通过实际操作的练习体验视频读取和 GUI 设计的过程。通过课外作业，引导学生通过自主查阅资料，探究性地完成学习任务，对作业资料进行整理，选出代表进行讲解，最后由教师进行总结和点评。

八、教学环境

教室：多媒体网络教室。

教师机：要求连接一台高性能教师机，以进行深度学习的训练和测试。

学生机：要求装有 Python3.6～3.8、PyCharm 软件及相应的数据依赖库。

九、教学过程

一）创设情境，激发兴趣

教师活动：①播放一段大家在教室上课的视频片段，从视频中提取出做小动作的学生，让大家感受科学技术的强大力量。提出问题：本视频中做小动作的学生是如何被标记出来的呢？②播放警方利用视频识别技术抓捕嫌疑人的视频合集。提出问题：视频识别技术还被应用在了哪些环境中？为我们的生活带来了哪些便利？

学生活动：观看视频，思考并说出日常生活中视频识别和目标检测的应用。

设计意图：通过生活搞笑片段和生活中的视频目标检测技术的应用案例快速吸引学生，提升学生的学习兴趣，激发学习热情。

二）探究视频显示和 GUI 设计的新知识

教师活动：引导学生思考日常生活中视频目标识别和检测的应用，请学生讨论视频识别与图像识别的相同点和不同点。

相同点：都可以实现对实物标注。

不同点：视频目标识别和检测为实时监控，会随着目标的移动而移动。

学生活动：思考并回答教师提出的问题。

设计意图：使学生了解视频识别与图像识别的相同点和不同点。

三）视频读取和 GUI 设计操作体验

教师活动：给学生讲解 GUI 设计的流程和 Python 环境下视频的读取，请学生体验 GUI 设计操作和视频读取，具体如下。

（1）GUI 的设计是最终显示视频的前提和基础。在实验前，提前准备多个视频来模拟摄像头采集到的视频；搭建好 Python 的环境，包括 PyQt5、PyQt5-tool、numpy、OpenCV-Python、PyTorch 框架数据库；安装 Qt Designer 实现 GUI。

（2）视频在 GUI 显示包含 GUI 设计和视频读取两个步骤。GUI 设计流程如图 3.1 所示。GUI 的设计关键在于对 Qt Designer 的使用，因此需要对里面的工具有更深入的了解。GUI 的设计为视频识别显示奠定了显示的基础。

做一做

（1）使用 Qt Designer 画出满足不同需求的显示界面。

（2）使用 Python 软件将所画的 GUI 显示出来。

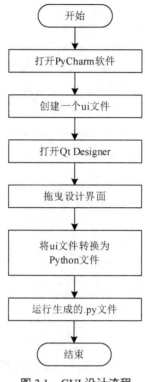

图 3.1 GUI 设计流程

 想一想

视频如何才能通过自己所画的 GUI 显示出来？

拓展作业

（1）使用 Qt Designer 画出 GUI 所需显示的各个窗口，并将其转换为.py 文件。

（2）自己动手绘制 GUI 制作的流程图并进行解释。

学生活动：学生学习新知识，听教师讲授，体验通过 Qt Designer 实现 GUI 的设计，将 ui 文件转换为.py 文件，运行.py 文件生成 GUI。

设计意图：讲解 Qt Designer，并介绍 OpenCV 的视频抓取技术的理论知识。

四）GUI 视频显示操作体验

教师活动：给学生讲解视频显示的操作流程，请学生体验 GUI 中显示视频的操作。

学一学

视频在 GUI 显示的流程如图 3.2 所示。前面创建了 GUI。接下来将视频信息传输到创建的 GUI 中。该环节将会运用 QT 信号槽通信技术和 OpenCV 的视频抓取技术。

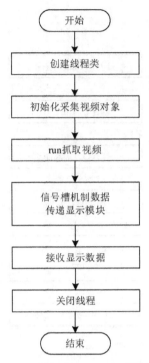

图 3.2　视频在 GUI 显示的流程

GUI 视频显示的操作流程如下。

1. 实验环境

Python3.6～3.8、PyCharm。依赖库：PyQT5、PyQT5-tools、numpy、OpenCV-Python、PyTorch 框架。

2. 创建项目工程结构

（1）设计类图，如图 3.3 所示。

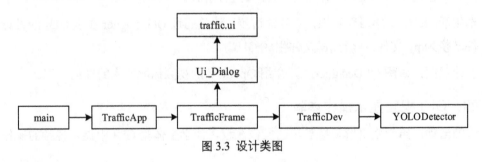

图 3.3　设计类图

（2）创建工程目录。

项目根目录为 data、app、yolo。

在 app 目录下创建模块文件，包含 main.py。在 app 目录下创建 uis 子目录，包含 TrafficAPP.py、TrafficFrame.py 两个文件。

创建执行脚本文件 run_app.bat。

3. 创建 Qt 应用

继承 QApplication 制定的 Qt 应用，实现代码如下：

```
from PyQt5.Qtwidgets import QApplication , Qoialog
import sys
class TrafficApp(QApplication):
    def _init___(self):
        super(Traffi cApp , self)._init_(sys.argv)
        #主界面登录窗口
        self.main_dlg = Qdialog
        self.main_d1g.show()
```

4. 创建 Qt 应用实例

启动 Qt 应用，实现代码如下：

```
from app.uis.trafficapp import TrafficApp
import sys
app = TrafficApp( )
status = app. exec( )
sys.exit(status)
```

操作编写执行脚本，体验应用效果。实现代码如下：

```
@python -m app.main
```

5. 创建自定义窗体

创建模块文件 TrafficFrame.py，实现代码如下：

```
import PyQt5
from PyQt5.Qtwidgets import QDialog
class TrafficFrame(QDialog) :
    #构造器的定义
    def _init__(self):
        super(TrafficFrame, self)._init__( )
```

替代 QDialog 对话框实例，文件位置为 TrafficApp.py，实现代码如下：

```
from PyQt5.Qtwidgets import QApplication
from app.uis.trafficframe import TrafficFrame
class TrafficApp(QApplication):
    def _init_(self):
        super(TrafficApp,self)._init__([])
        self.dlg = TrafficFrame( )
        self.d1g.show( )
```

6. 使用 Qt Designer 设计 GUI

使用 Qt Designer 设计 GUI 的过程如图 3.4 所示。

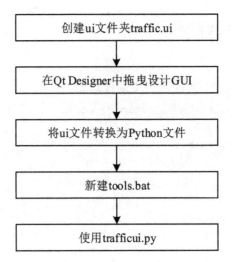

图 3.4　使用 Qt Designer 设计 GUI 的过程

使用 Qt Designer 设计 GUI，具体过程如下。

（1）使用 Qt Designer 创建一个新的 ui 文件夹 traffic.ui。

（2）在 Qt Designer 中拖曳设计 GUI。

（3）将 ui 文件转换为 Python 文件。

（4）在 app.uis 包路径下新建 tools.bat。

```
@pyuic5 -o trafficui.py traffic.ui
```

（5）使用 trafficui.py，在文件 TrafficFrame.py 中实现调用。

```
from PyQt5.Qtwidgets import QDialog
from app.uis.trafficui import Ui_Dialog
class TrafficFrame(QDialog) :
    def _init_(self):
        super(TrafficFrame, self)._init__( )
        self.ui = ui_Dialog( )
        self.ui.setupui(self)
```

7. 视频 GUI 显示

视频 GUI 显示的具体过程如下。

（1）继承 QThread 新建 TrafficDev 类，模块文件为 app.uis.trafficdev.py，实现代码如下：

```
from PyQt5.QtCore import QThread, pyqtSignal
import cv2
import numpy as np
class TrafficDev(QThread):
    def __init__(self):
        super(TrafficDev,self)._init__( )
```

（2）初始化采集视频对象，事先将准备的视频放入 data 资源包，文件位置为 app.uis.trafficdev.py，实现代码如下：

```
from PyQt5.QtCore import QThread, pyqtSignal
```

```
import cv2
import numpy as np
class TrafficDev(QThread) :
    def __init__(self):
        super(TrafficDev,self)._init__()
        self.dev = cv2.videocapture(
            "data/视频文件名称.mp4",cv2.CAP_DSHOW)
        self.dev . open("data/视频文件名称.mp4")
```

（3）用 run 抓取视频，文件位置为 app.uis.trafficdev.py，实现代码如下：

```
class TrafficDev(QThread) :
    def _init__(self):
        super(TrafficDev,self)._init__( )
        self.dev = cv2.VideoCapture(
            "data/视频文件名称.mp4",cv2.CAP_DSHOW)
        self.dev.open("data/视频文件名称.mp4")
    def run(self):
        while True:
            #视频捕捉
            reval, img = self.dev .read( )
            if not reval :
                self.dev.open("data/视频文件名称.mp4")
                continue
            QThread.usleep(100000)
```

（4）用信号槽机制传输数据到 TrafficFrame，文件位置为 app.uis.trafficdev.py，实现代码如下：

```
class TrafficDev(QThread) :
    sign_video = pyqtsignal(bytes,int,int,int)
    def _init__(self):
        super(TrafficDev,self)._init__()
        self.dev = cv2.VideoCapture(
            "data/视频文件名称.mp4",cv2.CAP_DSHOW)
        self.dev . open("data/视频文件名称.mp4")
    def run(self):
        while True:
            #视频捕捉
            reval, img = self.dev.read( )
            if not reval:
                self.dev.open("data/视频文件名称.mp4")
                continue
            img = cv2.cvtcolor(img,cv2.COLOR_BGR2RGB)
            #发送信号
            data = img.tobytes()
            h,w,c = img.shape
            self.sign_video.emit(data,h,w,c)
            #暂停，符合人的视觉习惯
            QThread.usleep(100000)
```

（5）用 TrafficFrame 接收显示数据，文件位置为 app.uis.trafficframe.py，实现代码如下：

```
from PyQt5.QtWidgets import QDialog
from app.uis.trafficui import ui_Dialog
from PyQt5.QtGui import Qimage,Qpixmap
from PyQt5.QtCore import pyqtsignal
from app.uis.trafficdev import TrafficDev
class TrafficFrame(Qoialog) :
    def _init__(self):
        super(TrafficFrame,self)._init__()
        self.ui = ui_Dialog()
        self.ui.setupui(self)
        #视频采集
        self.th = TrafficDev()
        self.th.sign_video. connect(self.show_video)
        self.th.start()
    def show_video(self,data,h,w,c):
        qimg = QImage(data,w,h,w*c,QImage. Format_RGB888)
        qpixmap = QPixmap.fromImage(qimg)
        self.ui . label_video.setPixmap(qpixmap)
        self.ui . label_video.setScaledContents(True)
```

做一做

（1）使用 Qt Designer 创建 GUI，通过生成的.py 文件生成显示窗口。

（2）使用 OpenCV 获取视频信号，利用 run 函数中的 QT 信号槽通信技术，通过线程运算不断向外发送，接收视频信号并进行显示。

想一想

（1）在视频读取中，GUI 是否存在没有视频或视频卡顿的现象？

（2）GUI 视频显示是通过事先准备好的视频进行读取的，如何实现摄像头视频的实时显示呢？

说一说

经过案例演示和动手练习，你认为构建 GUI 视频显示的流程是什么？自己动手绘制流程图并进行解释。

学生活动：学习新知识，听教师讲授，体验视频在 GUI 上的实时显示，并回答问题。

设计意图：对 GUI 视频显示的流程进行讲解，并介绍 QT 信号槽通信技术，以及 OpenCV 的视频抓取技术理论知识，使学生了解 GUI 视频显示的使用方法和应用效果，在实践中感受 GUI 视频显示操作过程。对案例的工作原理进行简单的分析，使学生对其有一个初步的印象。

五）GUI 视频显示原理总结

教师活动：GUI 视频显示主要采用的技术是 QT 信号槽通信技术和 OpenCV 的视频抓取技术，训练学生熟练掌握 Qt Designer 软件的使用方式。GUI 视频显示整个过程可以划分为 GUI 的设计、视频信号的读取、视频信号的显示三个部分。在案例中发现 GUI 视频显示还存在短时间的视频延迟和卡顿现象。带领学生回顾 GUI 视频显示原理，总结其实验过程，进行实验结果展示。

学生活动：讨论如何以正确的态度看待视频采集系统的相关产品的不足之处。

设计意图：对案例活动中涉及的原理进行归纳总结，将其上升到理论知识层面。

六）课堂小结

教师活动：小结本节的主要内容，提问学生本节知识点，具体问题如下。

（1）GUI 是如何设计出来的？

（2）视频是怎样读取的？

（3）GUI 视频显示主要采用哪些技术？

（4）GUI 视频显示在我们的生活中有哪些应用？

（5）如何让多个视频在 GUI 显示？

学生活动：与教师一起回顾本节知识点，并对其进行归纳总结。

设计意图：帮助学生梳理课堂学习内容，将知识点内化到知识体系中。

十、教学反思

一）教学中的优点

本节采用案例教学模式，帮助学生在独立操作体验的过程中形成对 GUI 视频显示技术独特的认知，并进行实践体验和相互交流讨论，对原理进行总结归纳。在教学过程中，教师给予学生较大的自主学习空间。这样可以使学生学习的积极性和主动性高涨，能够自主学习 Qt Designer 对 GUI 的设计，掌握 GUI 视频显示的操作流程。

二）教学中的不足

本节教学内容多，教学节奏快，虽然以案例教学模式开展教学，但是理论知识的讲授设置不够细化。因此，理论基础和编程基础差的学生在规定的时间内实现 GUI 视频显示有些困难，难以掌握 GUI 视频显示的理论框架。

第二节　视频目标检测

一、教学内容

本节要求学生对采集显示在 GUI 的视频进行目标检测，初步体验并掌握视频目标检测技术，并对该技术形成感性的认识。

二、教材分析

本节的主要内容是学习基于深度学习的视频目标检测技术，探讨其基本工作过程及原理，了解其实际应用价值，展望视频目标监控的应用前景，最终使学生对视频目标检测技术形成感性认知，从而为从事 GUI 和智能视频目标检测的相关工作做好铺垫。

三、学情分析

经过前期的人工智能基础与本章第一节的学习，本专业学生已经具备了一定的知识基础和操作技能，但对视频目标检测相关的工具软件的使用并不熟悉。因此，教师在学生体验视频目标检测工具的过程中应该尽可能地突出多元教学，使用切实可行的案例教学，使学生从案例中学到更加实用的知识和技能。

四、教学目标

一）知识与技能

（1）初步了解模式识别和视频目标检测的概念。

（2）能够从本节的学习和操作过程中简单了解视频目标检测的工作过程及原理。

二）过程与方法

（1）通过操作计算机、数据集、PyCharm 软件，体验视频目标检测的工作过程，了解其实际应用价值。

（2）通过 PyCharm 软件、Python 语言及深度学习体验视频目标检测的工作原理，了解其实际应用价值。

三）情感态度与价值观

（1）感受视频目标检测技术的魅力，体会其实际应用价值。

（2）培养学生的探究能力及类比推理能力。

（3）激发学生不断探索和学习新知识的欲望，为"人工智能初步"的教学打下基础。

五、教学重点与难点

重点：应用和体验视频目标检测编程的操作流程。

难点：了解数据集和目标实时检测的工作原理、提高视频目标检测成功率的方法。

六、教学课时

本节教学课时为 3 课时。

七、教学方法

本节主要采用讲授法、讨论法、直观演示法、练习法、任务驱动法和自主学习法。

教学中以教师课堂讲授为主，通过小组讨论、教师总结的方式，使学生交流听讲过程中的感受，加深对特征提取的理解。布置课外作业，引导学生通过自主查阅资料，探究性地完成学习任务，对作业资料进行整理，选出代表进行讲解，最后由教师进行总结。

八、教学环境

教室：多媒体网络教室。

教师机：要求连接一台高性能教师机，以进行深度学习的训练和测试。

学生机：要求装有 Python、PyCharm 软件及深度学习数据库等。

九、教学过程

一）创设情境，激发兴趣

教师活动：播放一段交通路口闯红灯的视频。提出问题：交警是如何获知车辆违规消息的？视频中是如何跟踪抓捕违规目标的？

学生活动：观看视频，思考并说出分辨检测目标的方法。

设计意图：通过生活实例视频快速吸引学生的注意力，引起学生的学习兴趣，激发其学习热情。

二）探究视频目标检测的新知识

教师活动：请学生对比并指出视频目标检测与图像识别有什么不同点。相比于图像识别，视频目标检测是一个实时的检测过程，会随着目标的移动而移动。

学生活动：思考并回答教师提出的问题。

设计意图：使学生了解视频目标检测与图像识别的不同。

三）数据集的加载和使用操作体验

教师活动：数据集的加载和使用是完成视频目标检测的基础。首先需要对检测目标进行一个数据集的封装，然后将封装后的文件导入本章第一节 GUI 创建的文件中，对其进行调用便可以实现对视频中选定目标的监控。

学一学

如何加载和使用一个数据集是视频目标检测提取的关键技术。视频目标检测是否成功在于对数据集的封装，只有准确的数据集才可以实现高准确率的目标检测。

数据集的创建过程如图 3.5 所示。

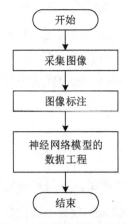

图 3.5　数据集的创建过程

定制数据集的使用根据框架的不同而不同。数据集工程包含图像侦测和数据集标注文件。数据集标注文件包含目标位置信息和类别信息 $[x, y, w, h, cls]$。数据集的创建过程如下。

（1）采集图像。

（2）图像标注（目标的矩阵标注）。

（3）神经网络模型的数据工程。数据工程的文件夹目录结构如下。

根目录

　　|-数据目录

　　　|-images

　　　　|-子目录

　　　　　|-图像

　　　|- labels

　　　　|-子目录

　　　　　|-标签(每个图像对应标签文件)

标签文件中每一行是一个目标的标注信息，每一行包含五个参数，分别是目标类别、标注框左顶点的横坐标、标注框左顶点的纵坐标、标注框的宽、标注框的高。

训练卷积神经网络目标检测模型的流程如图3.6所示，具体如下。

（1）输入标识训练集。本案例对交通标识进行目标检测，需要选取尽量多的含有交通标识的图片来提取检测目标的特征。

（2）提取标识特征。对图片训练集的每个图片中的检测目标完成打标签操作，提取标识特征。

（3）构建卷积神经网络模型。有了检测目标的特征之后，每个图片表示为一个特征矩阵，这样可以使用卷积神经网络进行训练。本案例使用的目标检测模型是 YOLOv5 神经网络模型。

（4）评估网络性能。网络性能的评估有多个标准可以使用，本案例使用准确率（Accuracy）作为评估标准。依据混淆矩阵，还可以计算查准率（Precision）和查全率（Recall）。查准率又称为精准度，查全率又称为召回率。

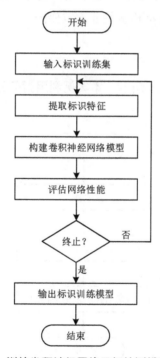

图 3.6　训练卷积神经网络目标检测模型的流程

（5）终止。在评估网络性能后，根据结果判断是否继续调优。如果达到了预定的设置目标则终止算法的调优，否则，改变网络的超参数，重新训练网络。

（6）输出标识训练模型。这一步是把训练好的卷积神经网络模型保存下来。

经过上述步骤得到一个视频目标检测的模型，利用该模型可以进行视频目标检测。

做一做

打开提供的数据集，理解每个模块的含义与作用，尝试使用数据集采集视频目标。

想一想

如何设计一个数据集？数据集的训练和目标检测的准确性有什么关系？

拓展作业

使用精灵标注软件尝试打标签，确定目标检测信息，训练生成一个数据集。

学生活动：学习新知识，听教师讲授，用软件尝试对检测目标打标签。

设计意图：对数据集的生成和它的作用做简单的讲解，并介绍数据集的加载和使用的操作知识。

四）多个视频目标检测操作体验

实际生活中，视频目标检测往往针对多个路口进行检测。如何使用数据集检测视频目标及在 GUI 同时显示多个视频目标检测是非常重要的。

学一学

视频目标检测的流程如图 3.7 所示。本案例利用封装好的交通提示牌的数据集提取视频中的交通标识。

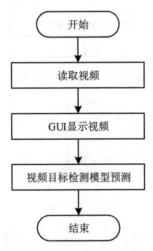

图 3.7 视频目标检测的流程

视频目标检测模型是通过对数据集进行训练、验证及测试构建的。对于多个视频的同时检测，只需利用线程的方式将视频对应到 GUI 的显示窗口。

视频目标检测的流程如下。

首先，在 TrafficDev.py 文件中添加 AI 功能的封装语句，实现代码如下：

```
from traff.infer import InferImpl #AI 功能的封装语句
```

其次，在 TrafficDev.py 文件中添加下面的代码实现图片的人工智能处理：

```
self.detector = InferImpl()
img = self.detector.detect_mark(img)
```

通过 GUI 显示多个视频，需要引入槽函数，利用线程关系将视频显示到对应的位置。首先需要在 TrafficDev.py 文件下创建并关联线程对象，指定特定视频的视频源，然后接收信号定义槽函数以接收数据，再使用线程运算，进行数据传递的判断，最后决定在哪个显示窗口显示视频数据。

创建并关联线程对象，指定特定视频的视频源，实现代码如下：

```
self.th1 = TrafficDev(1,"data/视频名称.mp4")
self.th2 = TrafficDev(2,"data/地点 1.mp4")
self.th3 = TrafficDev(3,"data/地点 2.mp4")
```

接收信号定义槽函数接收数据，实现代码如下：

```
self.th1.sign_video.connect(self.show_video)
self.th2.sign_video.connect(self.show_video)
self.th3.sign_video.connect(self.show_video)
```

使用线程运算，实现代码如下：

```
self.th1.start()
self.th2.start()
self.th3.start()
```

进行数据传递的判断，实现代码如下：

```
def show_video(self,data,h,w,c,th_id):
    #判断哪一个视频传递数据
    th_id:1 2 3
    #显示到哪一个窗口
    label_video:label_video1 label_video2 label_video3
    #图片显示
    #转换为 QImage
    qimg = QImage(data, w, h, w*c, QImage.Format_RGB888)
    #转换为 QPixmap
    qpixmap = QPixmap.fromImage(qimg)
    if th_id == 1:
        #显示
        self.ui.label_video1.setPixmap(qpixmap)
        #适配
        self.ui.label_video1.setScaledContents(True)
    if th_id == 2:
        #显示
        self.ui.label_vedio2.setPixmap(qpixmap)
        #适配
        self.ui.label_vedio2.setScaledContents(True)
    if th_id == 3:
        #显示
        self.ui.label_video3.setPixmap(qpixmap)
```

```
#适配
self.ui.label_video3.setScaledContents(True)
```

整个工程项目各个模块的代码文件包括 main.py、TrafficApp.bat、TrafficDev.bat 和 TrafficFrame.bat。工程项目中 mian.py 文件的代码如下：

```
#程序入口
from app.uis.trafficapp import TrafficApp
import sys
#创建 app 对象
app = TrafficApp()
status = app.exec()
sys.exit(status)
```

工程项目中 TrafficApp.bat 文件的代码如下：

```
from PyQt5.QtWidgets import QApplication,QDialog
from app.uis.trafficframe import TrafficFrame
#类名命名习惯
class TrafficApp(QApplication):
    #构造方法
    def __init__(self):
        super(TrafficApp, self).__init__([])
        #关联一个窗口对象
        self.dlg = TrafficFrame()
        #显示窗口
        self.dlg.show()
```

工程项目中 TrafficDev.bat 文件的代码如下：

```
import cv2  #导入 OpenCV-Python
from PyQt5.QtCore import QThread,pyqtSignal
from traff.infer import InferImpl #AI 功能的封装
class TrafficDev(QThread):
    #1 定义信号参数：传递数据 "类型" 线程 id
    sign_video = pyqtSignal(bytes, int, int, int,int)
    def __init__(self,th_id,dev_id):
        super(TrafficDev, self).__init__()
        self.dev_id = dev_id
        self.th_id = th_id
        #构造方法-准备工作
        #获取视频流操作对象
        self.dev = cv2.VideoCapture(self.dev_id , cv2.CAP_DSHOW)
        self.dev.open(self.dev_id )
        self.detector = InferImpl()
    def run(self):
        #线程的耗时操作
        #采集视频
        while True:
            #捕获图片一帧
            reval,img = self.dev.read()
            if not reval:
                self.dev.open(self.dev_id)
                continue
```

```
#img 3 维度数组（h，w，c）
#img 调用人工智能模块的检测功能，标注检测结果并返回新的 img
#基于人工智能的业务逻辑
#import yolo.YOLOv5Detector 封装一个方法参数 img，返回值还是 img
#采集 1 张图片
#做人工智能处理
img = self.detector.detect_mark(img)
#传递 img 到 GUI 显示
#2 传递数据
#OpenCV BGR 转换为 RGB
img = cv2.cvtColor(img, cv2.COLOR_BGR2RGB)
data = img.tobytes()
h,w,c = img.shape
#3 发送信号（真实数据）
self.sign_video.emit(data,h,w,c,self.th_id)
#暂停
QThread.usleep(100000)
```

工程项目中 TrafficFrame.bat 文件的代码如下：

```
from PyQt5.QtWidgets import QDialog
from app.uis.trafficui import Ui_Dialog
from PyQt5.QtCore import QThread,pyqtSignal
from app.uis.trafficdev import TrafficDev
from PyQt5.QtGui import QImage, QPixmap
class TrafficFrame(QDialog):
    def __init__(self):
        super(TrafficFrame, self).__init__()
        #关联 UI 对象
        self.ui = Ui_Dialog()
        #UI 绑定窗口
        self.ui.setupUi(self)
        #创建并关联线程对象，指定特定视频的视频源
        self.th1 = TrafficDev(1,"data/交通视频.mp4")
        self.th2 = TrafficDev(2,"data/街口 1.mp4")
        self.th3 = TrafficDev(3,"data/街口 2.mp4")
        #接收信号定义槽函数接收数据
        self.th1.sign_video.connect(self.show_video)
        self.th2.sign_video.connect(self.show_video)
        self.th3.sign_video.connect(self.show_video)
        #线程运算
        self.th1.start()
        self.th2.start()
        self.th3.start()
        #指定槽函数
    #显示相应视频对应的位置
    def show_video(self,data,h,w,c,th_id):
        #判断哪一个视频传递数据
        th_id:1 2 3
        #显示到哪一个窗口
        label_video
        #图片显示
```

```
#转换为 QImage
qimg = QImage(data, w, h, w*c, QImage.Format_RGB888)
#转换为 QPixmap
qpixmap = QPixmap.fromImage(qimg)
if th_id == 1:
    #显示
    self.ui.label_video1.setPixmap(qpixmap)
    #适配
    self.ui.label_video1.setScaledContents(True)
if th_id == 2:
    #显示
    self.ui.label_vedio2.setPixmap(qpixmap)
    #适配
    self.ui.label_vedio2.setScaledContents(True)
if th_id == 3:
    #显示
    self.ui.label_video3.setPixmap(qpixmap)
    #适配
    self.ui.label_video3.setScaledContents(True)
```

做一做

用 PyCharm 软件实现 GUI 多个视频的目标检测显示。

想一想

（1）在视频目标检测中，有没有检测错误或检测不出来的现象？你对视频目标检测的结果是否满意？

（2）本案例使用预先存好的视频进行视频的读取和检测，如何使用 PyCharm 软件、视频采集设备实现实时 GUI 视频播放和目标检测？

说一说

经过案例演示和动手练习，你认为构建目标检测模型的流程是什么？自己动手绘制流程图并进行解释。

学生活动：学习新知识，听教师讲授，体验软件仿真和视频目标检测案例，并回答问题。

设计意图：讲解视频目标检测的流程，并介绍神经网络模型的理论知识，让学生了解 GUI 视频显示与视频目标检测工具的使用方法和应用效果。对案例的工作原理进行简单的分析，让学生有一个初步的认识。

五）视频目标检测原理总结

教师活动：教授软件的操作及应用，展示视频目标检测的实践流程，回顾本节知识点。

学生活动：以正确的态度看待视频监控相关产品的不足之处。

设计意图：对案例活动中涉及的原理进行归纳总结，将其上升到理论知识层面。

六）课堂小结

教师活动：提问并小结本节主要内容，回顾本节知识点，具体如下。

（1）什么是视频目标检测？

（2）数据集封装的流程是什么？

（3）多视频 GUI 显示是如何实现的？

（4）视频目标检测技术是如何工作的？

（5）课堂中的案例提取了交通标识作为检测目标，如何实现多个检测目标？

学生活动：通过体验视频目标检测案例的实践，了解视频目标检测的工作流程，感受视频目标检测的实际价值。与教师一起回忆本节主要内容，并对本节知识点进行归纳总结。

设计意图：帮助学生梳理课堂学习内容，将知识点内化到知识体系中。

十、教学反思

一）教学中的优点

本节采用案例教学模式，帮助学生在独立操作的过程中形成对视频目标检测技术独特的认知，并且进行实践体验和相互交流讨论，对视频目标检测的原理进行总结归纳。在教学过程中，教师给予学生较大的自主学习空间，使学生的学习积极性和主动性高涨，能够自主利用 PyCharm 软件实现多个视频的目标检测显示，掌握实时 GUI 视频播放和目标检测的操作流程。

二）教学中的不足

本节教学内容多，教学节奏快，虽然以案例教学模式开展教学，但是理论知识的讲授设置不够细化。因此，理论基础和编程基础差的学生难以掌握目标检测的理论框架，在规定的时间内实现 GUI 同时播放多个视频有些困难。

参考文献

[1]　黎洲,黄妙华. 基于 YOLO_v2 模型的车辆实时检测[J]. 中国机械工程,2018,29(15)：1869-1874.

[2]　单美静,秦龙飞,张会兵. L-YOLO：适用于车载边缘计算的实时交通标识检测模型[J]. 计算机科学，2021，48（1）：89-95.

[3]　Tang T, Deng Z, Zhou S, et al. Fast vehicle detection in UAV images[C]. International Workshop on Remote Sensing with Intelligent Processing, 2017, 1-5.

[4]　Sun X, Huang Q, Li Y, et al. An Improved Vehicle Detection Algorithm Based on YOLOV3[C]. IEEE Intl Conf on Parallel&Distributed Processing with Applications, Big Data&Cloud Computing, Sustainable Computing&Communications, Social Computing& Networking, 2019, 1445-1450.

思考题

1．简述 GUI 设计的原则及内涵。

2．简述什么是视频目标检测。

3．视频中的目标检测和识别的策略有哪些？

第四章 智能语音数据分析案例

→ **本章导读**

本章从人类语音的机器分析与智能识别的角度出发，分两节对智能语音数据分析进行介绍。第一节对人类语音信号处理的理论和方法进行介绍，重点介绍语音信号处理、语音特征提取的方法，以及阿拉伯数字的语音识别。第二节对说话人的性别识别进行介绍，重点介绍男、女语音信号的性别特征、双向长短时记忆（Bidirectional Long Short Time Memory，BiLSTM）网络。两个案例均通过计算机仿真给出测试实例，并通过显示屏展示结果。

在早期的信息化系统中，计算机或其他机器与人之间的沟通需要借助外部控制或输入设备，而人工智能使人机交互更加自然、方便与友好，提高了机器系统的灵活性，更好地为人类社会服务。要使机器像人一样能够听懂话语，必须解决语音信号处理与语音识别问题。

语音识别就是将人类语音信号转换成文本文字，达到机器能够自动识别和理解人类语言的目的。经历了近70年的研究发展，语音识别已经进入了人类的日常生活。目前，智能手机中的语音助手、智能音箱、语音点餐等人机交互应用受到了人们的喜爱。

第一节 数字语音识别

一、教学内容

语音信号处理与语音识别是非常重要的人工智能技术，且该技术仍然是科学研究的前沿和热点，学生有必要学习与语音识别相关的基础知识和工具。本节要求学生在使用语音信号处理与语音识别的工具软件进行相关的人工智能技术的实际操作过程中，对语音信号处理与语音识别工具进行体验，初步掌握阿拉伯数字的语音识别方法，并形成感性认识，在实践中使用这些内容。

二、教材分析

本节的教学目标是帮助学生使用部分语音信号处理与语音识别的工具软件，探讨其基本工作过程及原理，了解其实际应用价值，展望语音识别的应用前景，最终对语音识别形成感性认知。学生通过体验语音识别工具的操作过程，激发自身对语音识别工具及人工智能的兴趣，了解智能数字语音识别的流程与基本知识，熟悉语音信号处理与语音识别的发展现状、操作方法和运用方式，从而为从事智能数字语音识别的相关工作做好铺垫。

三、学情分析

学生主体认知水平的飞速提高和对知识、技术的需求旺盛，求学目的多元化和复杂化，学习方式日益丰富；党的十九大提出建设教育强国工程；进入新时代后，学生更注重学习的获得性体验，尤其对智能机器人充满好奇，这些因素正是学好本节的前提。

经过前期的人工智能基础的学习，本专业学生已经具备了一定的知识基础和操作技能（熟悉常用的术语和基本的软件工具），但对语音信号处理与语音识别专用工具的使用尚未灵活掌握。因此，教师在帮助学生体验语音信号处理与语音识别工具的过程中应该尽可能地突出多元教学、使用学生喜闻乐见的案例教学，使学生从案例中学到更加实用的知识与技能。

四、教学目标

一）知识与技能

（1）初步了解语音信号处理与语音识别的概念。

（2）了解语音信号处理与一般信号处理、图像处理的区别。

（3）能够从本节的学习和操作过程中简单了解语音识别工具的工作过程及原理。

二）过程与方法

（1）通过操作计算机、传声器、MATLAB 软件，体验语音识别的工作过程，了解其实际应用价值。

（2）通过对话体会计算机录音和音频处理的工作原理。

（3）通过 MATLAB 软件、音频工具箱及深度学习工具箱，体验语音识别的工作原理，了解其实际应用价值。

三）情感态度与价值观

（1）感受语音信号处理与语音识别的魅力，体会其实际应用价值。

（2）培养学生的探究能力及类比推理能力。

（3）激发学生不断探索和学习新知识的欲望，为"人工智能初步"的教学打下基础。

五、教学重点与难点

重点：应用和体验语音识别工具。

难点：了解语音信号处理的工作原理。

六、教学课时

本节教学课时为 3 课时。

七、教学方法

本节主要采用讲授法、讨论法、直观演示法、练习法、任务驱动法和自主学习法。

教学中以课堂讲授为主，安排 2 个案例演示，通过小组讨论、教师总结的方式，使学生交流听讲过程中的感受，加深对语音信号处理方式的理解。学生通过实际操作的练习体验语音识别工具。布置课外作业，引导学生通过自主查阅资料，探究性地完成学习任务，对作业资料进行整理，选出代表进行讲解，最后由教师进行总结。

八、教学环境

教室：多媒体网络教室。

教师机：要求连接一台高性能教师机，以进行深度学习的训练和测试。

学生机：要求装有录音设备、音频播放软件、MATLAB 软件及相应的工具箱等。

九、教学过程

一）创设情境，激发兴趣

教师活动：①播放科幻电影《终结者》的视频片段。提出问题：在视频中，智能机器人无所不能，令人叹为观止。在实际生活中，智能机器人是怎么样的呢？

②播放智能机器人宣传片，放映各种智能机器人的图片。提出问题：在我们的日常生活中，有哪些智能工具（触摸屏手机、指纹机、扫地机器人等）为我们的学习、工作和生活提供了便利？

学生活动：观看视频片段。思考并说出日常生活中的智能工具。

设计意图：通过科幻电影的视频片段快速吸引学生的注意力，引起学生的学习兴趣，激发其学习热情。

二）探究语音识别新知识

教师活动：引导学生说出一些日常生活中的智能工具，请学生对比并指出语音识别工具。

相同点：智能工具都需要计算机程序实现操作和控制。

不同点：一般智能工具与语音识别工具的不同点如表 4.1 所示。

表 4.1　一般智能工具与语音识别工具的不同点

类 别 项 目	一般智能工具	语音识别工具
问题的输入	摄像机、键盘等	传声器
问题数据的格式	图片、视频、文字	录音设备
举例	图像识别、机器翻译	语音助手

学生活动：思考并回答教师提出的问题。

设计意图：使学生了解语音识别工具与一般智能工具的相同点和不同点。

三）语音信号处理操作体验

教师活动：语音信号处理是语音识别的前提和基础。采集语音信号的设备是传声器。根据说话人与传声器的距离，可分为近场和远场，在近场采集到的音频输出一般是单声道或双声道的；在远场采集到的音频输出一般是多声道的。语音信号的采集需要经过采样、量化、回声消除、噪声抑制和编/解码等多个步骤。

🔊学一学

语音信号处理的流程如图 4.1 所示。语音信号处理的关键在于特征提取，只有得到有效的特征，才能为语音识别奠定基础。

本案例使用巴克频率倒谱系数（Bark Frequency Cepstral Coefficient，BFCC）方法进行特征提取。语音信号处理的流程具体如下。

1. 配置录音设备

录音设备包括传声器或带传声器的耳机等。

2. 录制语音并将其转换为 FLAC 格式

在 Windows 操作系统中，录音软件使用系统自带的录音机，默认保存的格式是 WMA 格式，也可以使用其他软件。

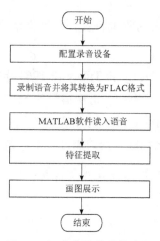

图 4.1 语音信号处理的流程

3. MATLAB 软件读入语音

MATLAB 软件可以处理 WAV 和 FLAC 格式的音频文件，也可以处理语音文件。音频文件的格式转换可以使用相关网站的音频工具箱。

本案例使用的是 FLAC 格式，采样频率为 16kHz，其余参数选择默认即可。

4. 特征提取

音频信号是一种波，经过信号处理之后一般显示为波形，而该波形通常混杂一些冗余信息，这就需要进行特征提取。特征提取是指从原始音频信号中通过计算得到向量，用这些向量来表示音频信号。在语音信号处理中，一般采取 10ms 的间隔从一个 25ms 的语音信号窗口中提取一个特征向量。也就是说一个特征向量对应一个时长为 25ms 的音频片段，通常称为一帧。由于语音信号是连续变化的，因此每一帧之间有 10ms 的间隔，这 10ms 称为帧移。容易看出，相邻的两帧之间有 15ms 的语音信号的重叠。这种处理技术的前提是语音信号的特性是平稳的。

常用的语音特征是梅尔频率倒谱系数（Mel Frequency Cepstral Coefficient，MFCC）。根据人耳听觉机理的研究发现，人耳对不同频率的声波有不同的听觉敏感度。200～5 000Hz 的语音信号对语音的清晰度影响最大。当两个响度不同的声音作用于人耳时，响度较高的频率成分会影响对响度较低的频率成分的感受，使响度较低的声音变得不易被察觉，这种现象称为掩蔽效应。由于频率较低的声音在内耳蜗基底膜上行波传递的距离大于频率较高的声音，因此，低音容易掩蔽高音，而高音掩蔽低音较困难。在低频处的声音掩蔽的临界带宽比在高频处小。所以，从低频到高频这一段频带内按临界带宽的大小由密到疏安排一组带通滤波器，对输入信号进行滤波。将每个带通滤波器输出的信号能量作为信号的基本特征，对此特征进行进一步处理就可以作为语音的输入特征。由于该特征不依赖于输入信号的性质，对输入信号不做任何的假设和限制，且利用了听觉模型的研究成果，因此该参数与基于声道模型的线性频率倒谱系数（Linear Frequency Cepstral Coefficient，LPCC）相比具有更好的鲁棒性，更符合人的听觉特性，而且当信噪比降低时仍然具有较好的识别性能。

倒谱分析技术是由 Bogert、Healy 和 Tukey 在 1963 年提出的一种信号处理技术。它是一种非参数方法，对大多数信号均有效。语音信号的 MFCC 表示法是一种基于短时傅里叶变换的谱包络参数表示方法。MFCC 语音分析是基于倒谱分析的，在信号解卷后，需要先将线性频率刻度映射为梅尔频率刻度，然后通过一个三角带通滤波器组。

设 f 是线性频率，其单位为 Hz，f_{mel} 是梅尔频率，其单位为 Mel，则梅尔频率和线性频率的映射关系为

$$f_{mel} = \begin{cases} f, & f \leqslant 1000\,\text{Hz} \\ 2595 \lg\left(1 + \dfrac{f}{700}\right), & f > 1000\,\text{Hz} \end{cases} \tag{4.1}$$

MFCC 特征提取的过程如图 4.2 所示。

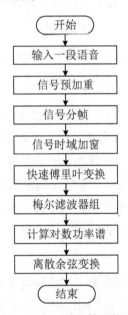

图 4.2　MFCC 特征提取的过程

在输入一段语音之后，MFCC 特征提取需要经过 7 步。MFCC 特征的具体计算过程省略。

BFCC 是基于短时傅里叶变换的，考虑了人耳的多种听觉生理特性，模拟了人类听觉系统中噪声对纯音的掩蔽效应及人耳对低频声音比对高频声音有更好分辨率，是一种更接近于人类主观评价的客观测度。设 f_{bark} 是巴克频率，其单位为 Bark，则巴克频率和线性频率的映射关系为

$$f_{bark} = \begin{cases} f, & f \leqslant 1000\,Hz \\ 13arctan^{-1}(0.76f) + 3.5arctan\left(\dfrac{f}{7500}\right), & f > 1000\,Hz \end{cases} \tag{4.2}$$

BFCC 特征提取的过程如图 4.3 所示。

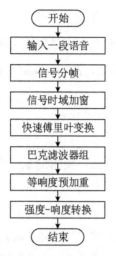

图 4.3　BFCC 特征提取的过程

在输入一段语音后，BFCC 特征提取需要经过 6 个步骤，具体如下。

（1）信号分帧。

一段语音是一个采样点的序列，分帧是将 N 个采样点合成一个观测单位，即一帧。一般来说，N 取值为 256 或 512。为避免相邻两帧的信号变化过大，相邻的帧之间有一段重叠的采样点。一般来说，重叠的采样点 M 取值为 $N/2$ 或 $N/3$。语音信号常用的采样频率为 8kHz 或 16kHz。例如，若采样频率为 16kHz 且 $N=512$，则一帧对应的信号时间长度为 512/16kHz $= 0.032s = 32ms$。

（2）信号时域加窗。

对语音信号进行加窗，一般使用汉明窗（Hamming Window），具体操作是将每一帧乘以汉明窗，从而增加每一帧左右两端的连续性。假设 $s(n)$ 是分帧之后的信号，$n=0,1,\cdots,N-1$，$x(n)$ 是加窗之后的信号，则有

$$w(n,a) = (1-a) - a\cos\left(\frac{2\pi n}{N-1}\right) \tag{4.3}$$

$$x(n) = w(n,a) \cdot s(n) \tag{4.4}$$

式中，a 一般取值为 0.46，不同的取值会导致不同的汉明窗。

（3）快速傅里叶变换。

在时域中不容易得到语音信号的特性，一般在频域中进行信号转换操作，即在 $x(n)$ 的

基础上，进行快速傅里叶变换，从而得到在频域中信号的能量分布。假设 $X(k)$ 表示快速傅里叶变换得到的结果，即

$$X(k) = \sum_{n=0}^{N-1} x(n) e^{-j2\pi k/N} \tag{4.5}$$

式中，j 为虚数单位；$X(k)$ 为变换后的频谱。

在此基础上，对频谱进行取模平方得到对应的功率谱 $P(k)$，即

$$P(k) = \text{Re}\big[X(k)\big]^2 + \text{Im}\big[X(k)\big]^2 \tag{4.6}$$

式中，Re[] 和 Im[] 分别表示实部和虚部。

（4）巴克滤波器组。

巴克滤波器组根据听觉系统的特点，使用的是一组临界带通滤波器组。在巴克滤波器组中，滤波器的幅度曲线为

$$\psi(\Delta b) = \begin{cases} 0, & \Delta b < -2.5 \\ 10^{2.5(\Delta b + 0.5)}, & -2.5 \leqslant \Delta b \leqslant -0.5 \\ 1, & -0.5 < \Delta b < 0.5 \\ 10^{0.5 - \Delta b}, & 0.5 \leqslant \Delta b \leqslant 1.3 \\ 0, & 1.3 < \Delta b \end{cases} \tag{4.7}$$

式中，Δb 为巴克频率偏差，是指同一临界带内，巴克频率与中心巴克频率的差值。

将功率谱和滤波器组进行卷和，即

$$\theta(b_i) = \sum_{\Delta b = -1.3}^{2.5} P(b_i - \Delta b) \psi(\Delta b) \tag{4.8}$$

式中，i 为第 i 个滤波器。经过巴克滤波器组之后，得到一系列 $\theta(b_i)$，再进行间隔 1 巴克频率的采样，得到 $\theta[b(f)]$。

（5）等响度预加重。

等响度预加重是指根据标准 ISO226-2003——正常等响度水平等值线，对人的听觉进行模拟，所使用的等响度曲线的响度大约为 40dB：

$$E(f) = \frac{\big(f^2 + 56.8 \times 10^6\big) f^4}{\big(f^2 + 6.3 \times 10^6\big)^2 \big(f^2 + 0.38 \times 10^9\big)} \tag{4.9}$$

计算得到预加重结果：

$$\Xi\big[b(f)\big] = E(f) \theta\big[b(f)\big] \tag{4.10}$$

（6）强度–响度转换。

人耳对声音的感觉与声音的强度有关，一般来说，人的听觉有一个门限，在大于门限 20dB 的出力音压（Sound Pressure Level，SPL）时，人耳几乎听不清楚；在大于门限 60dB 的出力音压时，人耳听起来最舒服，所以可采用如下公式，计算得到 BFCC 特征 $B(b)$：

$$B(b) = \Xi(b)^{0.33} \tag{4.11}$$

经过以上步骤可以得到 BFCC 特征，由于 BFCC 特征提取的过程模拟了人的听觉系统，所以当用音质失真测度来评价时，BFCC 特征比 MFCC 特征的效果更好。近年来也有学者研究发现 BFCC 和 MFCC 在语音识别任务上的性能相近。

5. 画图展示

信号展示包括原始音频信号和所提取的特征两部分。在 MATLAB 软件中，可以把这两部分绘制在一个图形窗口中。原始音频信号使用 plot 函数画图；所提取的特征使用 pcolor 函数画图。

经过上述流程，实现了对语音信号的处理。语音信号处理的 MATLAB 程序包括 demo1.m 文件和 helperExtractAuditoryFeatures.m 文件，其中 demo1.m 文件中的代码如下：

```
%清空工作空间
clear all; close all; clc;
%读入一个测试信号
[audioIn, fs] = audioread('onetwothree.flac');
%将两个声道转换为一个声道
audioIn = sum(audioIn, 2) / 2;
%定位信号中的语音所在区域
boundaries = detectSpeech(audioIn, fs);
for i1 = 1:size(boundaries, 1)
    audioIni1 = audioIn(boundaries(i1,1):boundaries(i1,2));
    %画图显示音频
    figure(i1); subplot(2,1,1); hold on;
    plot(audioIni1);
    axis tight; box on; grid on; hold off;
    %提取特征
    features = helperExtractAuditoryFeatures(audioIni1,fs);
    %画图显示特征
    hold on; subplot(2,1,2);
    pcolor('features');
    shading flat
    hold off;
    drawnow;
end
```

helperExtractAuditoryFeatures.m 文件中的代码如下：

```
function features = helperExtractAuditoryFeatures(x,fs)
    segmentDuration = 1;
    frameDuration = 0.025;
```

```
hopDuration = 0.010;
numBands = 50;
segmentSamples = round(segmentDuration*fs);
frameSamples = round(frameDuration*fs);
hopSamples = round(hopDuration*fs);
overlapSamples = frameSamples - hopSamples;
FFTLength = 512;
persistentafe
if isempty(afe)
    afe = audioFeatureExtractor( ...
    'SampleRate',fs, ...
    'FFTLength',FFTLength, ...
    'Window',hann(frameSamples,'periodic'), ...
    'OverlapLength',overlapSamples, ...
    'barkSpectrum',true);
    setExtractorParams(afe,'barkSpectrum','NumBands',numBands);
end
numSamples = size(x,1);
numToPadFront = floor( (segmentSamples - numSamples)/2 );
numToPadBack = ceil( (segmentSamples - numSamples)/2 );
xPadded = [zeros(numToPadFront,1,'like',x);
    x;zeros(numToPadBack,1,'like',x)];
features = extract(afe,xPadded);
unNorm = 2/(sum(afe.Window)^2);
features = features/unNorm;
epsil = 1e-6;
features = log10(features + epsil);
```

做一做

（1）使用录音设备和录音软件，录制 1s 的音频。

（2）使用 MATLAB 软件将音频读入并进行信号处理。

想一想

语音信号处理与一般的信号处理是否有区别？时域和频域的信号是如何转换的？为什么要将音频转换到频域进行处理？

拓展作业

使用录音设备、MATLAB 软件和音频工具箱，实现实时音频录制和画图显示。自己动手绘制流程图并进行解释。

学生活动：学习新知识，听教师讲授，体验传声器录音、录音软件及 MATLAB 软件音频处理。

设计意图：对语音信号处理的流程进行讲解，并介绍语音特征提取的理论知识。

四）语音识别操作体验

教师活动：结合硬件设备和应用软件，详细讲解语音识别的流程，并介绍语音识别的相关理论知识，基于统计模型的语音识别方法和端到端的语音识别方法，采用阿拉伯数字的识别作为实例。

👍 学一学

语音识别的流程如图 4.4 所示。

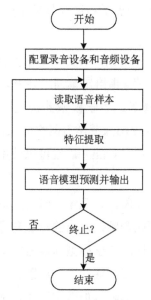

图 4.4　语音识别的流程

对比语音识别的流程和语音信号处理的流程可知，语音识别的关键在于有语音模型，该模型能预测语音到底是什么类型的文本。经典的语音模型基于隐马尔可夫模型，需要构建声学模型和语言模型，二者组合在一起是完整的语音识别的模型。本案例在提取语音特征后，使用卷积神经网络构建语音模型，把语音识别作为一个多分类问题。

以阿拉伯数字语音识别为例介绍语音识别的流程。语音识别是一种序列转换技术，是指将语音序列转换为文本序列，或者将一段音频转换为一段文本。通过语音识别得到文本后，文本所包含的深层含义、情感或说话人的身份，都属于自然语言理解的范畴，需要其他的技术来处理，因此，语音应用从一开始就分工明确。

基于统计模型的语音识别方法是迄今为止较成功且应用较广泛的语音识别方法，特别是基于隐马尔可夫模型的语音识别方法，几乎垄断了语音识别领域。假设有一段音频信号，处理成声学特征向量后记为 $X=[x_1, x_2, x_3, \cdots]$，其中 x_i 表示从一帧中提取出的特征；与之对应的文本序列表示为 $W=[w_1, w_2, w_3, \cdots]$，其中 w_i 表示一个词，那么语音识别的任务就是计算出：

$$W^* = \arg\max_W P(W \mid X) \qquad (4.12)$$

式中，$P(W \mid X)$ 为声学模型（Acoustic Model，AM）。

由贝叶斯公式得

$$P(W \mid X) = \frac{P(X \mid W)P(W)}{P(X)} \propto P(X \mid W)P(W) \qquad (4.13)$$

式中，$P(W)$ 为语言模型（Language Model，LM）。

对于 $P(X)$，一般来说，待解码语音的概率是保持不变的，故一般视为常数，在式（4.13）中可以略去而不参与计算。

从式（4.12）和式（4.13）可以看出，语音识别任务被拆分为声学模型和语言模型两部分，所以需要分别建模。声学模型是指给定单词序列 W，得到特定音频信号 X 的概率；而语言模型是指单词序列 W 的概率。声学模型的构建可以使用高斯混合模型（Gaussian Mixture Model，GMM），也可以使用深度学习网络（Deep Neural Network，DNN）。语言模型的构建可以使用 N 元语法（N-Gram），也可以使用循环神经网络（Recurrent Neural Network，RNN）。

随着人工智能和深度学习的发展，近几年，研究人员试图研究端到端的语音识别。所谓端到端的语音识别是指把音频或音频提取出的特征向量作为输入，把音频对应的文本作为与之对应的输出，从而不需要使用声学模型和语言模型就可以预测音频对应的文本。与基于隐马尔可夫模型的方法相比，端到端的语音识别大大简化了建模过程，被视为一个非常有潜力的研究方向。接下来学习的阿拉伯数字语音识别是不使用隐马尔可夫模型的一个例子，把语音识别视为多分类问题，经过特征提取之后，利用卷积神经网络进行训练得到语音模型，如图 4.5 所示，具体流程如下。

1. 输入语音训练集

语音训练集是指已录制好的音频，并且每个音频对应的文本标签是已知的，将每个音频和与之对应的文本标签配对，形成一个语音训练样本。例如，本案例对阿拉伯数字进行识别，需要 0～9 十个数字的音频及对应的文本标签，需要噪声音频，噪声音频的文本标签是噪声，还需要其他音频，文本标签是其他。噪声音频的作用是在连续的语音中，把噪声识别出来，避免把噪声误认为阿拉伯数字。其他未知的音频的作用是能有效地识别出语音中非 0～9 的阿拉伯数字，也避免把它们误认为阿拉伯数字。这样的输入样本集具有较好的鲁棒性。本案例的数据集是 Speech Commands 英文数据集，包含阿拉伯数字、噪声等音频文件，格式为 WAV。

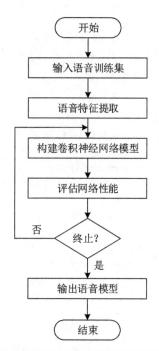

图 4.5　训练卷积神经网络得到语音模型的流程

2. 语音特征提取

对语音训练集中的每个音频进行特征提取，本案例使用的语音特征是 BFCC 特征，具体操作请参照语音信号处理部分。

3. 构建卷积神经网络模型

有了语音特征之后，每个音频表示一个特征矩阵，这样就可以使用卷积神经网络进行训练，把音频对应的文本作为标签，构建训练集。本案例使用的卷积神经网络是由 5 个卷积层和 1 个全连接层构成的网络。

4. 评估网络性能

网络性能的评估有多个标准。本案例使用准确率作为评估标准，依据混淆矩阵，还可以计算查准率和查全率。

5. 终止

在评估网络性能后，根据结果判断是否继续调优，如果达到了预定的设置目标、则终止算法的调优，否则，改变网络的超参数，重新训练网络。

6. 输出语音模型

这一步是把训练好的卷积神经网络模型保存下来。

经过上述步骤可得到一个语音模型，有了这个模型就可以进行阿拉伯数字语音识别了。完整的 MATLAB 程序在 demo2.m 文件中，具体如下：

```
%清空工作空间
clear all; close all; clc;
datasetFolder = fullfile('speech_commands_v0.01');
ads = audioDatastore(datasetFolder, ...
    'IncludeSubfolders',true, ...
    'FileExtensions','.wav', ...
    'LabelSource','foldernames');
commands = categorical(["zero","one","two","three",
    "four","five","six","seven","eight","nine"]);
isCommand = ismember(ads.Labels,commands);
isUnknown = ~ismember(ads.Labels,[commands,"_background_noise_"]);
includeFraction = 0.2;
mask = rand(numel(ads.Labels),1) <includeFraction;
isUnknown = isUnknown& mask;
ads.Labels(isUnknown) = categorical("unknown");
adsSubset = subset(ads,isCommand|isUnknown);
countEachLabel(adsSubset)
c = importdata(fullfile(datasetFolder,'validation_list.txt'));
filesValidation = string(c);
c = importdata(fullfile(datasetFolder,'testing_list.txt'));
filesTest = string(c);
files = adsSubset.Files;
sf = split(files,filesep);
isValidation = ismember(sf(:,end-1) + "/" + sf(:,end),filesValidation);
isTest = ismember(sf(:,end-1) + "/" + sf(:,end),filesTest);
adsValidation = subset(adsSubset,isValidation);
adsTrain = subset(adsSubset,~isValidation& ~isTest);
reduceDataset = false;
if reduceDataset
    numUniqueLabels = numel(unique(adsTrain.Labels));
    adsTrain = splitEachLabel(adsTrain,round(numel
        (adsTrain.Files) / numUniqueLabels / 20));
    adsValidation = splitEachLabel(adsValidation,
        round(numel(adsValidation.Files) / numUniqueLabels / 20));
end
fs = 16e3;
segmentDuration = 1;
frameDuration = 0.025;
hopDuration = 0.010;
segmentSamples = round(segmentDuration*fs);
frameSamples = round(frameDuration*fs);
hopSamples = round(hopDuration*fs);
overlapSamples = frameSamples - hopSamples;
FFTLength = 512;
numBands = 50;
afe = audioFeatureExtractor( ...
    'SampleRate',fs, ...
    'FFTLength',FFTLength, ...
    'Window',hann(frameSamples,'periodic'), ...
    'OverlapLength',overlapSamples, ...
    'barkSpectrum',true);
```

```
setExtractorParams(afe,'barkSpectrum','NumBands',numBands);
x = read(adsTrain);
numSamples = size(x,1);
numToPadFront = floor( (segmentSamples - numSamples)/2 );
numToPadBack = ceil( (segmentSamples - numSamples)/2 );
xPadded = [zeros(numToPadFront,1,'like',x);
    x;zeros(numToPadBack,1,'like',x)];
features = extract(afe,xPadded);
[numHops,numFeatures] = size(features);
unNorm = 2/(sum(afe.Window)^2);
if ~isempty(ver('parallel')) && ~reduceDataset
    pool = gcp;
numPar = numpartitions(adsTrain,pool);
else
    numPar = 1;
end
parfor ii = 1:numPar
    subds = partition(adsTrain,numPar,ii);
    XTrain = zeros(numHops,numBands,1,numel(subds.Files));
    for idx = 1:numel(subds.Files)
        x = read(subds);
        xPadded = [zeros(floor((segmentSamples-size(x,1))/2),1);
            x;zeros(ceil((segmentSamples-size(x,1))/2),1)];
        XTrain(:,:,:,idx) = extract(afe,xPadded);
    end
    XTrainC{ii} = XTrain;
end
XTrain = cat(4,XTrainC{:});
[numHops,numBands,numChannels,numSpec] = size(XTrain);
XTrain = XTrain/unNorm;
epsil = 1e-6;
XTrain = log10(XTrain + epsil);
if ~isempty(ver('parallel'))
    pool = gcp;
    numPar = numpartitions(adsValidation,pool);
else
    numPar = 1;
end
parfor ii = 1:numPar
    subds = partition(adsValidation,numPar,ii);
    XValidation = zeros(numHops,numBands,1,numel(subds.Files));
    for idx = 1:numel(subds.Files)
        x = read(subds);
        xPadded = [zeros(floor((segmentSamples-size(x,1))/2),1);
            x;zeros(ceil((segmentSamples-size(x,1))/2),1)];
        XValidation(:,:,:,idx) = extract(afe,xPadded);
    end
    XValidationC{ii} = XValidation;
end
XValidation = cat(4,XValidationC{:});
XValidation = XValidation/unNorm;
```

```
XValidation = log10(XValidation + epsil);
YTrain = removecats(adsTrain.Labels);
YValidation = removecats(adsValidation.Labels);
specMin = min(XTrain,[],'all');
specMax = max(XTrain,[],'all');
idx = randperm(numel(adsTrain.Files),3);
figure('Units','normalized','Position',[0.2 0.2 0.6 0.6]);
for i = 1:3
    [x,fs] = audioread(adsTrain.Files{idx(i)});
    subplot(2,3,i)
    plot(x)
    axis tight
    title(string(adsTrain.Labels(idx(i))))
    subplot(2,3,i+3)
    spect = (XTrain(:,:,1,idx(i))');
    pcolor(spect)
    caxis([specMinspecMax])
    shading flat
end
adsBkg = subset(ads,ads.Labels=="_background_noise_");
numBkgClips = 4000;
if reduceDataset
    numBkgClips = numBkgClips/20;
end
volumeRange = log10([1e-4,1]);
numBkgFiles = numel(adsBkg.Files);
numClipsPerFile =
histcounts(1:numBkgClips,linspace(1,numBkgClips,numBkgFiles+1));
Xbkg = zeros(size(XTrain,1),size(XTrain,2),1,numBkgClips,'single');
bkgAll = readall(adsBkg);
ind = 1;
for count = 1:numBkgFiles
    bkg = bkgAll{count};
    idxStart = randi(numel(bkg)-fs,numClipsPerFile(count),1);
    idxEnd = idxStart+fs-1;
    gain = 10.^((volumeRange(2)-volumeRange(1))*
        rand(numClipsPerFile(count),1) + volumeRange(1));
    for j = 1:numClipsPerFile(count)
        x = bkg(idxStart(j):idxEnd(j))*gain(j);
        x = max(min(x,1),-1);
        Xbkg(:,:,:,ind) = extract(afe,x);
        if mod(ind,1000)==0
            disp("Processed " + string(ind) + " background clips out of " +
string(numBkgClips))
        end
        ind = ind + 1;
    end
end
Xbkg = Xbkg/unNorm;
Xbkg = log10(Xbkg + epsil);
numTrainBkg = floor(0.85*numBkgClips);
```

```
numValidationBkg = floor(0.15*numBkgClips);
XTrain(:,:,:,end+1:end+numTrainBkg) = Xbkg(:,:,:,1:numTrainBkg);
YTrain(end+1:end+numTrainBkg) = "background";
XValidation(:,:,:,end+1:end+numValidationBkg) = Xbkg(:,:,:,numTrainBkg+1:end);
YValidation(end+1:end+numValidationBkg) = "background";
classWeights = 1./countcats(YTrain);
classWeights = classWeights'/mean(classWeights);
numClasses = numel(categories(YTrain));
timePoolSize = ceil(numHops/8);
dropoutProb = 0.2;
numF = 12;
layers = [imageInputLayer([numHopsnumBands])
    convolution2dLayer(3,numF,'Padding','same')
    batchNormalizationLayer
    reluLayer
    maxPooling2dLayer(3,'Stride',2,'Padding','same')
    convolution2dLayer(3,2*numF,'Padding','same')
    batchNormalizationLayer
    reluLayer
    maxPooling2dLayer(3,'Stride',2,'Padding','same')
    convolution2dLayer(3,4*numF,'Padding','same')
    batchNormalizationLayer
    reluLayer
    maxPooling2dLayer(3,'Stride',2,'Padding','same')
    convolution2dLayer(3,4*numF,'Padding','same')
    batchNormalizationLayer
    reluLayer
    convolution2dLayer(3,4*numF,'Padding','same')
    batchNormalizationLayer
    reluLayer
    maxPooling2dLayer([timePoolSize,1])
    dropoutLayer(dropoutProb)
    fullyConnectedLayer(numClasses)
    softmaxLayer
    weightedClassificationLayer(classWeights)];
miniBatchSize = 128;
validationFrequency = floor(numel(YTrain)/miniBatchSize);
options = trainingOptions('adam', ...
    'InitialLearnRate',3e-4, ...
    'MaxEpochs',25, ...
    'MiniBatchSize',miniBatchSize, ...
    'Shuffle','every-epoch', ...
    'Plots','training-progress', ...
    'Verbose',false, ...
    'ValidationData',{XValidation,YValidation}, ...
    'ValidationFrequency',validationFrequency, ...
    'LearnRateSchedule','piecewise', ...
    'LearnRateDropFactor',0.1, ...
    'LearnRateDropPeriod',20);
trainedNet = trainNetwork(XTrain,YTrain,layers,options);
if reduceDataset
```

```
    load('commandNet.mat','trainedNet');
end
YValPred = classify(trainedNet,XValidation);
validationError = mean(YValPred ~= YValidation);
YTrainPred = classify(trainedNet,XTrain);
trainError = mean(YTrainPred ~= YTrain);
disp("Training error: " + trainError*100 + "%")
disp("Validation error: " + validationError*100 + "%")
figure('Units','normalized','Position',[0.2 0.2 0.5 0.5]);
cm = confusionchart(YValidation,YValPred);
cm.Title = 'Confusion Matrix for Validation Data';
cm.ColumnSummary = 'column-normalized';
cm.RowSummary = 'row-normalized';
sortClasses(cm, [commands,"unknown","background"])
```

　　语音识别的流程如图 4.4 所示。首先在计算机中配置好录音设备和音频设备，打开 MATLAB 软件，并加载前面得到的语音模型；然后在 MATLAB 软件中读取语音样本，创建一个实时读取语音的音频读取器，用来监听外部环境中的语音，通过缓冲器截取一小段语音；再进行特征提取，所提取的语音特征是 BFCC 特征；最后将提取的语音特征作为输入，用语音模型进行分类，将分类的结果整合形成最终的识别结果并输出。上述读取语音并预测输出的过程可以一直运行，直到用户发出停止指令。完整的 MATLAB 程序在 demo3.m 文件中，具体如下：

```
%加载语音模型
load('commandNet0_9.mat')
fs = 16e3;
classificationRate = 20;
audioIn = audioDeviceReader('SampleRate',fs, ...
'SamplesPerFrame',floor(fs/classificationRate));
frameDuration = 0.025;
hopDuration = 0.010;
numBands = 50;
frameLength = floor(frameDuration*fs);
hopLength = floor(hopDuration*fs);
waveBuffer = zeros([fs,1]);
labels = trainedNet.Layers(end).Classes;
YBuffer(1:classificationRate/2) = categorical("background");
probBuffer = zeros([numel(labels),classificationRate/2]);
h = figure('Units','normalized','Position',[0.2 0.1 0.6 0.8]);
filterBank = designAuditoryFilterBank(fs,'FrequencyScale','bark',...
    'FFTLength',512,...
    'NumBands',numBands,...
    'FrequencyRange',[50,7000]);
    epsil = 1e-6;
while ishandle(h)
    x = audioIn();
    waveBuffer(1:end-numel(x)) = waveBuffer(numel(x)+1:end);
    waveBuffer(end-numel(x)+1:end) = x;
    [~,~,~,spec] = spectrogram(waveBuffer,hann(frameLength,'periodic'),
```

```
      frameLength - hopLength,512,'onesided');
  spec = filterBank * spec;
  spec = log10(spec + epsil);
  spec = spec';
  [YPredicted,probs] = classify(trainedNet,spec,'ExecutionEnvironment','cpu');
  YBuffer(1:end-1)= YBuffer(2:end);
  YBuffer(end) = YPredicted;
  probBuffer(:,1:end-1) = probBuffer(:,2:end);
  probBuffer(:,end) = probs';
  subplot(2,1,1);
  plot(waveBuffer)
  axis tight
  ylim([-0.2,0.2])
  subplot(2,1,2)
  pcolor(spec)
  shading flat
  [YMode,count] = mode(YBuffer);
  countThreshold = ceil(classificationRate*0.2);
  maxProb = max(probBuffer(labels == YMode,:));
  probThreshold = 0.7;
  subplot(2,1,1);
  if YMode == "background" || count<countThreshold || maxProb<probThreshold
      title(" ")
  else
      title(string(YMode),'FontSize',20)
  end
  drawnow
end
```

做一做

（1）使用 MATLAB 软件、录音设备和录音软件，实现实时音频录制和画图显示。

（2）使用 MATLAB 软件将处理好的音频信号进行阿拉伯数字的语音识别。

想一想

（1）在语音识别中，有没有识别错误或识别不出来的现象？你对语音识别的结果是否满意？

（2）语音信号处理的案例使用的是先录制语音再进行处理的方式，如何使用录音设备进行实时的语音信号处理呢？

说一说

经过案例演示和动手练习，你认为构建语音模型的流程是什么？自己动手绘制流程图并进行解释。

学生活动：学习新知识，听教师讲授，体验实时的语音处理、实时语音识别工具，并回答问题。

设计意图：使学生熟悉常用的语音识别工具，在动手实践中感受语音识别的过程并形成感性认识。通过对案例工作原理的分析，使学生对语音识别的基本原理有一个初步的印象，并将其上升到理论知识层面。

五）语音识别原理总结

教师活动：由语音助手和人机对话场景引入语音识别技术。带领学生分析语音识别如何使计算机能够理解和听懂人说的话，以及计算机如何生成自然语言或者进行一些应答的操作。识别过程可以分为音频特征提取、模型预测等部分。由于技术上的问题，在人机对话的过程中信息处理的结果可能是正确的，也可能是错误的。

学生活动：以正确的态度看待语音识别的相关产品的不足之处。

设计意图：对案例活动中涉及的原理进行归纳总结，将其上升到理论知识层面。

六）课堂小结

教师活动：小结本节的主要内容。回顾本节知识点，具体如下。

（1）什么是语音识别？

（2）语音识别通过什么样的方式融入我们的生活？

（3）语音识别技术是如何工作的？

（4）课堂中的案例是用 BFCC 特征实现的，如何使用 MFCC 特征来实现该案例？

（5）如何实现中文音频的语音识别？

学生活动：通过体验语音信号处理与语音识别等软件和工具，了解语音识别的工作流程，感受语音识别的实际价值。与教师一起回忆本节学习内容，并对本节知识点进行归纳总结。

设计意图：帮助学生梳理课堂学习内容，将知识点内化到知识体系中。

十、教学反思

一）教学中的优点

本节采用案例教学模式，帮助学生在独立操作体验的过程中形成对语音识别工具独特的认知，并且进行语音交互体验和相互交流讨论，对语音识别原理总结归纳。在教学过程中，教师给予学生较大的自主学习空间，使学生的学习积极性和主动性高涨，能够自主学习和使用语音识别的工具。

二）教学中的不足

本节教学内容多，教学节奏快，虽然以案例教学模式开展教学，但是理论知识的讲授设置不够细化。因此，理论基础差的学生在规定的时间内难以掌握语音信号处理与语音识别的理论框架。

第二节　说话人性别识别

一、教学内容

本节要求学生在本章第一节的基础上，对说话人性别识别进行初步体验，初步掌握说话人性别识别的方式方法，并形成感性认识。本节的案例是关于语音识别方面的，但语音识别领域的离线识别、声纹识别和特定说话人识别等都存在局限性，因此本节引导学生思考如何突破局限，从实际问题中发掘有意义的前沿课题。

二、教材分析

本节的主要内容是帮助学生学会使用语音信号处理与 BiLSTM 网络的工具软件，探讨其基本工作过程及原理，了解其实际应用价值，展望性别识别的应用前景，最终使学生对说话人性别识别形成感性认知，从而为从事说话人性别识别和智能图像识别的相关工作做好铺垫。

三、学情分析

学生的主体认知水平的飞速提高和对知识、技术的需求旺盛，求学目的多元化和复杂化，学习方式日益丰富；党的十九大提出建设教育强国工程；进入新时代后，学生更注重学习的获得性体验，尤其对无所不能的智能语音机器人充满好奇，这些因素正是学好本节的前提。

经过前期的人工智能基础与本章第一节的学习，本专业学生已经具备了一定的基础知识和操作技能，但对说话人性别识别和相关工具软件的使用并不熟悉。因此，教师在让学生体验说话人性别识别工具的过程中应该尽可能地突出多元教学，使用切实可行的案例教学，使学生从案例中学到更加实用的知识和技能。

四、教学目标

一）知识与技能

（1）初步了解说话人性别识别和 BiLSTM 网络的概念。

（2）能够从本节的学习和操作过程中简单了解性别识别工具的工作过程及原理。

二）过程与方法

（1）通过操作计算机、数据集、MATLAB 软件，体验性别识别工具的工作过程，了解其实际应用价值。

（2）通过 MATLAB 软件、音频工具箱及深度学习工具箱体验说话人性别识别的工作原理，了解其实际应用价值。

三）情感态度与价值观

（1）感受说话人性别识别的魅力，体会其实际应用价值。

（2）培养学生的探究能力及类比推理能力。

（3）激发学生不断探索和学习新知识的欲望，为"人工智能初步"的教学打下基础。

五、教学重点与难点

重点：应用和体验说话人性别识别工具。

难点：了解 BiLSTM 网络的工作原理，掌握提高识别正确率的方法。

六、教学课时

本节教学课时为 3 课时。

七、教学方法

本节主要采用讲授法、讨论法、直观演示法、练习法、任务驱动法和自主学习法。

教学中以课堂讲授为主，安排 2 个案例演示，通过小组讨论、教师总结的方式，使学生交流听讲过程中的感受，加深对语音特征提取的理解，学生通过实际操作体验说话人性别识别工具。布置课外作业，引导学生通过自主查阅资料，探究性地完成学习任务，对作业资料进行整理，选出代表进行讲解，最后由教师进行总结。

八、教学环境

教室：多媒体网络教室。

教师机：要求连接一台高性能教师机，以进行深度学习的训练和测试。

学生机：要求装有音频播放软件、MATLAB 软件及音频和深度学习工具箱等。

九、教学过程

一）创设情境，激发兴趣

教师活动：播放一段语音，让学生判断说话人的性别。学生在收听语音的同时，提出问题：区分说话人的性别对我们来说非常容易，分辨性别时使用什么方法（音高、音色、发声器官、频率、响度等）呢？

学生活动：思考并说出分辨性别的方法。

设计意图：通过语音片段快速吸引学生的注意力，引起学生的学习兴趣，激发其学习热情。

二）探究语音识别新知识

教师活动：学生说出了人类分辨说话人性别的方法，请学生对比并指出计算机实现性别识别的工具。

相同点：处理对象都是语音。语音识别均需要从语音中提取特征。

不同点：阿拉伯数字识别与性别识别的不同点如表 4.2 所示。

表 4.2　阿拉伯数字识别与性别识别的不同点

类 别 项 目	阿拉伯数字识别	性 别 识 别
问题的输出	数字	男女
类别	多类	两类
特征	MFCC 特征、BFCC 特征	MFCC 特征、BFCC 特征、音高等
举例	本章第一节的案例	实际生活

学生活动：思考并回答教师提出的问题。

设计意图：使学生了解性别识别与阿拉伯数字识别的相同点和不同点。

三）语音信号处理操作体验

教师活动：使学生认识到语音信号处理是语音识别的前提和基础，从而带领学生学习语音信号处理的知识。语音信号处理中，音频信号的采集需要经过采样、量化、回声消除、噪声抑制和编/解码等多个步骤。假设已有一段录音，接下来学习如何得到性别识别所需要的特征。

🔊 学一学

语音信号处理的流程如图 4.6 所示。语音信号处理的关键在于特征提取，只有得到有效的特征，才能为语音识别奠定基础。

本案例要提取的特征是 MFCC 特征、音高和谱质心，具体流程如下。

1. MATLAB 软件读入语音

MATLAB 软件可以处理 WAV 和 FLAC 格式的音频文件，也可以处理语音文件，其他格式的音频文件可以转换成软件能读取的格式，音频文件的格式转换可以使用相关网站的音频工具箱。

本节的案例使用的是 FLAC 格式，采样频率为 48kHz，其余参数选择默认即可。

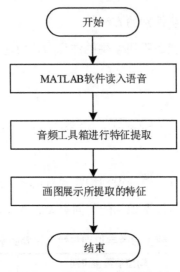

图 4.6　语音信号处理的流程

2. 音频工具箱进行特征提取

语音信号特征提取的一些知识在本章第一节已经介绍过，如 MFCC 特征和 BFCC 特征提取，在此不再详述。

当进行性别识别时，想到的首先是音高，男生和女生的音高是不同的，音高指的是基音频率（Fundamental Frequency），通俗来说是声音的高低，频率越高，声音越高；其次是响度，即听觉上感受到的声音的大小，通俗来说是音量，由振幅和声源的距离决定，振幅越大，响度越大，人距离声源越近，响度越大；最后是音色，不同的声音有不同的频率，从波形上来看，不同的声音表现出不同的特性，这就是音色。音色的说法比较抽象，一般来说，发声体具有独特的材料和结构，所以音色不同。

根据声带是否振动，人类的声音分为清音和浊音。清音没有周期性，类似于白噪声；浊音代表了语音中的大部分能量，呈现出一定的周期性。基音频率指的是人的声带振动的频率，其周期被称为基音周期。基音频率能反映出一个人的声音特征，与人的性别和年龄有关。一般来说，男性的基音频率较低，女性的基音频率较高。另外，儿童的基音频率也比较高。

要提取基音特征，需要估计基音周期，从而获得基音频率，这被称为基音检测。一般来说，确定基音周期有 3 类方法，具体如下。

（1）时域估计法：根据语音波形估计基音周期，如自相关函数法、平均幅度差法等。

（2）变换法：先把语音信号从时域变换到频域，或者从频域变换到时域，再进行周期的估计，如同态分析法、倒谱法等。

（3）混合法：先把语音信号的声道模型参数提取出来进行滤波得到音源序列，再利用时域估计法估计基音周期。

自相关函数法：假设有一个语音信号 $x(n)$，且能量是有限的，记 $R(m)$ 为 $x(n)$ 与其延迟 m 点后的自相关函数，则

$$R(m) = \sum_{n=-\infty}^{+\infty} x(n)x(n+m) \tag{4.14}$$

如果 $x(n)$ 具有周期性，则 $R(m)$ 也具有周期性，且周期性与 $x(n)$ 一致。在计算一段语音信号的基音周期时，从 $R(m)$ 的第一个最大值的点开始，就可以估计出该信号的基音周期。

谱质心（Spectral Centroid）可以用来描述语音的音色属性，包含语音信号的频率和能量分布的信息。它指的是频率的重心，即在一定频率范围内通过对能量进行加权平均得到的频率。假设有一个语音信号 $x(n)$，它的短时傅里叶变换为 $E(n)$，信号频率为 $f(n)$，记 SC 为谱质心，则

$$SC = \frac{\sum_n f(n)E(n)}{\sum_n E(n)} \tag{4.15}$$

谱质心表示的是语音的明亮度。一般来说，低沉的语音具有更多的低频信息，其谱质心比较低；欢快的语音具有更多的高频信息，其谱质心比较高。

除上述语音特征外，伽马音调频率倒谱系数（Gammatone Frequency Cepstral Coefficient，GFCC）、谱熵（Spectral Entropy）等也是常见的语音特征。近期研究结果发现，GFCC 比 MFCC 能更好地解决语音情感识别问题。

3. 画图展示所提取的特征

信号展示包括音频信号展示和所提取的特征展示两部分。在 MATLAB 软件中，可以把这两部分绘制在一个图形窗口中。原始音频信号的幅度和音高特征均使用 subplot 和 plot 函数画图。

经过上述流程可实现音频特征的提取，完整的 MATLAB 程序在 demo4.m 文件中，具体如下：

```
%清空工作空间
clear all; clc; close all;
[audioIn,Fs] = audioread('common_voice_zh-CN_18531551.mp3');
labels = {'male'};
timeVector = (1/Fs) * (0:size(audioIn,1)-1);
```

```
figure(1); subplot(2,1,1);
plot(timeVector,audioIn)
ylabel("Amplitude")
xlabel("Time (s)")
grid on; hold on; box on;
speechIndices = detectSpeech(audioIn,Fs);
extractor = audioFeatureExtractor( ...
   "SampleRate",Fs, ...
   "Window",hamming(round(0.03*Fs),"periodic"), ...
   "OverlapLength",round(0.02*Fs), ...
   "pitch",true);
featureVectorsSegment = {};
for ii = 1:size(speechIndices,1)
   featureVectorsSegment{end+1} = ( extract(extractor,
       audioIn(speechIndices(ii,1):speechIndices(ii,2))) )';
end
numSegments = size(featureVectorsSegment);
pitchFeatureVector = [];
for i1 = 1:numSegments(2)
   pitchFeatureVector = [pitchFeatureVector, featureVectorsSegment{1}];
end
subplot(2,1,2);
plot(pitchFeatureVector)
ylabel("Pitch")
xlabel("Number of features")
grid on; box on; hold off;
```

做一做

用 MATLAB 软件将语音读入并进行信号处理，使用音频工具箱提取所需的特征，并画图表示。

想一想

如何利用音频工具箱提取不同的特征，如谱质心？

拓展作业

使用 MATLAB 软件和音频工具箱，实现 MFCC 特征提取、GFCC 特征提取和画图显示，并进行解释。

学生活动：学习新知识，听教师讲授，学会用软件进行音高特征提取。

设计意图：对语音信号处理的流程进行讲解，并介绍音高和谱质心等语音特征提取的理论知识。

四）性别识别操作体验

教师活动：分析说话人性别识别在语音识别中的重要性。例如，在人机交互时，通过说话人性别识别确定相应的应答内容，从而使交互系统更友好。接下来，带领学生体验说话人性别识别的流程。

学一学

说话人性别识别的流程如图4.7所示。本案例提取的语音特征是MFCC特征。

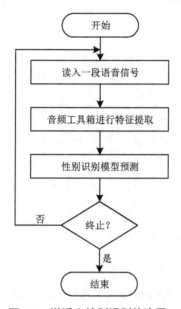

图4.7　说话人性别识别的流程

性别识别不同于一般的文本语音识别，主要原因是人类分辨性别所需的特征与文本不同，在生理上，男、女有明显的区别。本案例在提取语音特征之后，使用BiLSTM网络构建性别识别模型，把说话人性别识别作为一个二分类问题。

接下来介绍一个案例，它是利用已有的BiLSTM模型进行说话人性别识别的，具体步骤如下。

1. 读入一段语音信号

使用MATLAB软件读入语音信号，具体可以参照本章第一节的做法，在此不再详述。本案例语音信号使用MP3格式，采样频率为48kHz。

2. 音频工具箱进行特征提取

利用音频工具箱对语音信号进行特征提取，该步骤在本章第一节已经介绍过，在此不再详述。本案例中仅提取MFCC特征。

3. 性别识别模型预测

使用已有模型进行预测时有一点需要注意，即预测信号提取特征必须和已有模型训练时所用的特征保持一致，否则会出现特征数目不一致，不能进行有效预测的情况。本案例中训练模型使用的是 MFCC 特征，所以对预测信号也要提取 MFCC 特征，从而保证性别识别的正常进行。

如果有多个语音信号需要预测，则反复执行上述步骤 1、2 和 3；否则终止上述步骤的执行，性别识别结束。

经过上述流程可实现 BiLSTM 模型对说话人性别的识别，完整的 MATLAB 程序在 demo5.m 文件中，具体如下：

```
%清空工作空间
clear all; close all; clc
matFileName = fullfile('genderIDNet_zhCN_MFCC.mat');
load(matFileName,'net','M','S');
[audioIn,Fs] = audioread('common_voice_zh-CN_18531551.mp3');
boundaries = detectSpeech(audioIn,Fs);
audioIn = audioIn(boundaries(1):boundaries(2));
extractor = audioFeatureExtractor( ...
    "SampleRate",Fs, ...
    "Window",hamming(round(0.03*Fs),"periodic"), ...
    "OverlapLength",round(0.02*Fs), ...
    'mfcc',true);
features = extract(extractor,audioIn);
features = (features.' - M)./S;
gender = classify(net,features);
```

接下来介绍如何在数据集上训练 BiLSTM 模型，如图 4.8 所示，具体步骤如下。

（1）输入语音训练集。语音训练集是指已录制好的音频，并且每个音频对应的说话人性别是已知的，将每个音频和与之对应的性别标签配对，形成一个训练样本。例如，本案例对说话人性别进行识别，需要若干男性和女性的音频及对应的性别标签。本案例的数据集是 Mozilla Common Voice 中文数据集，包含男性和女性的音频文件，格式为 MP3。

（2）MFCC 特征提取。对语音训练集中的每个音频进行特征提取，本案例使用的是 MFCC 特征，具体操作请参照本章第一节的语音信号处理部分。

（3）构建 BiLSTM 网络模型。长短时记忆（Long Short Time Memory）网络能有效地学习时序数据的一段时间的特性。本案例使用 BiLSTM 网络，该网络在学习时序数据时，既能向前查看数据的特性，也能向后查看数据的特性。本案例使用的 BiLSTM 网络是由一个输入层，两个隐含层，一个全连接层，以及 softmax 层和分类层所构成的神经网络。

（4）评估网络性能。网络性能的评估有多个标准可以使用，本案例使用混淆矩阵计算查准率和查全率。

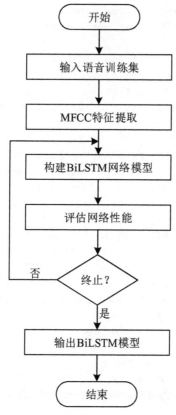

图 4.8 训练 BiLSTM 模型

（5）终止。在评估网络性能后，根据结果判断是否继续调优，如果达到了预定的设置目标，则终止算法的调优；否则，返回步骤（2）继续迭代训练网络。

（6）输出 BiLSTM 模型。这一步是把训练好的 BiLSTM 模型保存下来。

经过上述步骤得到 BiLSTM 模型，有了 BiLSTM 模型就可以进行说话人性别识别了。完整的 MATLAB 程序在 demo6.m 文件和 HelperFeatureVector2Sequence.m 文件中，其中，demo6.m 文件中的代码如下：

```
%清空工作空间
clear all; close all; clc
%创建训练和测试用的数据商店
datafolder = 'zh-CN';
loc = fullfile(datafolder,"clips");
ads = audioDatastore(loc);
metadataTrain = readtable(fullfile(datafolder,"train.tsv"),"FileType","text");
metadataDev = readtable(fullfile(datafolder,"dev.tsv"),"FileType","text");
metadataTrain = [metadataTrain;metadataDev];
containsGenderInfo = contains(metadataTrain.gender,'male') |
contains(metadataTrain.gender,'female');
isAdult = ~contains(metadataTrain.age,'teens') & ~isempty(metadataTrain.age);
highUpVotes = metadataTrain.up_votes>= 3;
metadataTrain(~containsGenderInfo | ~isAdult | ~highUpVotes,:) = [];
```

```
trainFiles = fullfile(loc,metadataTrain.path);
[~,idxA,idxB] = intersect(ads.Files,trainFiles);
adsTrain = subset(ads,idxA);
adsTrain.Labels = metadataTrain.gender(idxB);
labelDistribution = countEachLabel(adsTrain);
numFilesPerGender = min(labelDistribution.Count);
adsTrain = splitEachLabel(adsTrain,numFilesPerGender);
countEachLabel(adsTrain)
metadataValidation =
readtable(fullfile(datafolder,"test.tsv"),"FileType","text");
containsGenderInfo = contains(metadataValidation.gender,'male')|
    contains(metadataValidation.gender,'female');
isAdult = ~contains(metadataValidation.age,'teens') &
~isempty(metadataValidation.age);
metadataValidation(~containsGenderInfo | ~isAdult,:) = [];
validationFiles = fullfile(loc,metadataValidation.path);
[~,idxA,idxB] = intersect(ads.Files,validationFiles);
adsValidation = subset(ads,idxA);
adsValidation.Labels = metadataValidation.gender(idxB);
countEachLabel(adsValidation)
reduceDataset = false;
if reduceDataset
    adsTrain = splitEachLabel(adsTrain,
        round(numel(adsTrain.Files) / 2 / 20));
    adsValidation = splitEachLabel(adsValidation,20);
end
%创建训练集和验证集
[~,adsInfo] = read(adsTrain);
Fs = adsInfo.SampleRate;
extractor = audioFeatureExtractor( ...
    "SampleRate",Fs, ...
    "Window",hamming(round(0.03*Fs),"periodic"), ...
    "OverlapLength",round(0.02*Fs), ...
    'mfcc',true);
if ~isempty(ver('parallel')) && ~reduceDataset
    pool = gcp;
    numPar = numpartitions(adsTrain,pool);
else
    numPar = 1;
end
labelsTrain = [];
featureVectors = {};
parfor ii = 1:numPar
    subds = partition(adsTrain,numPar,ii);
    featureVectorsInSubDS = {};
    segmentsPerFile = zeros(numel(subds.Files),1);
    for jj = 1:numel(subds.Files)
        audioIn = read(subds);
        speechIndices = detectSpeech(audioIn,Fs);
        segmentsPerFile(jj) = size(speechIndices,1);
        features = cell(segmentsPerFile(jj),1);
```

```
        for kk = 1:size(speechIndices,1)
            features{kk} = ( extract(extractor,
            audioIn(speechIndices(kk,1):speechIndices(kk,2))) );
        end
        featureVectorsInSubDS = [featureVectorsInSubDS;features(:)];
    end
    featureVectors = [featureVectors;featureVectorsInSubDS];
    repedLabels = repelem(subds.Labels,segmentsPerFile);
    labelsTrain = [labelsTrain;repedLabels(:)];
end
allFeatures = cat(2,featureVectors{:});
allFeatures(isinf(allFeatures)) = nan;
M = mean(allFeatures,2,'omitnan');
S = std(allFeatures,0,2,'omitnan');
featureVectors = cellfun(@(x)(x-M)./S,featureVectors,'UniformOutput',false);
for ii = 1:numel(featureVectors)
    idx = find(isnan(featureVectors{ii}));
    if ~isempty(idx)
        featureVectors{ii}(idx) = 0;
    end
end
featureVectorsPerSequence = 20;
featureVectorOverlap = 10;
[featuresTrain,trainSequencePerSegment] =
    HelperFeatureVector2Sequence(featureVectors,
    featureVectorsPerSequence,featureVectorOverlap);
labelsTrain = repelem(labelsTrain,[trainSequencePerSegment{:}]);
labelsTrain = categorical(labelsTrain);
labelsValidation = [];
featureVectors = {};
valSegmentsPerFile = [];
parfor ii = 1:numPar
    subds = partition(adsValidation,numPar,ii);
    featureVectorsInSubDS = {};
    valSegmentsPerFileInSubDS = zeros(numel(subds.Files),1);
    for jj = 1:numel(subds.Files)
        audioIn = read(subds);
        speechIndices = detectSpeech(audioIn,Fs);
        numSegments = size(speechIndices,1);
        features = cell(valSegmentsPerFileInSubDS(jj),1);
        for kk = 1:numSegments
            features{kk} = ( extract(extractor,audioIn(
            speechIndices(kk,1):speechIndices(kk,2))) )';
        end
        featureVectorsInSubDS = [featureVectorsInSubDS;features(:)];
        valSegmentsPerFileInSubDS(jj) = numSegments;
    end
    repedLabels = repelem(subds.Labels,valSegmentsPerFileInSubDS);
    labelsValidation = [labelsValidation;repedLabels(:)];
    featureVectors = [featureVectors;featureVectorsInSubDS];
    valSegmentsPerFile = [valSegmentsPerFile;
```

```
        valSegmentsPerFileInSubDS];
end
featureVectors = cellfun(@(x)(x-M)./S,
    featureVectors,'UniformOutput',false);
for ii = 1:numel(featureVectors)
    idx = find(isnan(featureVectors{ii}));
    if ~isempty(idx)
        featureVectors{ii}(idx) = 0;
    end
end
[featuresValidation,valSequencePerSegment] =
    HelperFeatureVector2Sequence(featureVectors,
    featureVectorsPerSequence,featureVectorOverlap);
labelsValidation = repelem(labelsValidation,
    [valSequencePerSegment{:}]);
labelsValidation = categorical(labelsValidation);
%定义 BiLSTM 网络的结构
layers = [ ...
    sequenceInputLayer(size(featuresTrain{1},1))
    bilstmLayer(50,"OutputMode","sequence")
    bilstmLayer(50,"OutputMode","last")
    fullyConnectedLayer(2)
    softmaxLayer
    classificationLayer];
miniBatchSize = 256;
validationFrequency = floor(numel(labelsTrain)/miniBatchSize);
options = trainingOptions("adam", ...
    "MaxEpochs",4, ...
    "MiniBatchSize",miniBatchSize, ...
    "Plots","training-progress", ...
    "Verbose",false, ...
    "Shuffle","every-epoch", ...
    "LearnRateSchedule","piecewise", ...
    "LearnRateDropFactor",0.1, ...
    "LearnRateDropPeriod",1, ...
    'ValidationData',{featuresValidation,labelsValidation}, ...
    'ValidationFrequency',validationFrequency);
%训练 BiLSTM 网络
net = trainNetwork(featuresTrain,labelsTrain,layers,options);
prediction = classify(net,featuresTrain);
%画图显示混淆矩阵，显示查准率和查全率
figure;
cm = confusionchart(categorical(labelsTrain),
    prediction,'title','Training Accuracy');
cm.ColumnSummary = 'column-normalized';
cm.RowSummary = 'row-normalized';
```

HelperFeatureVector2Sequence.m 文件中的代码如下：

```
function [sequences,sequencePerSegment] =
    HelperFeatureVector2Sequence(features,
    featureVectorsPerSequence,featureVectorOverlap)
```

```
if featureVectorsPerSequence<= featureVectorOverlap
    error('The number of overlapping feature vectors must be
        less than the number of feature vectors per sequence.')
end
hopLength = featureVectorsPerSequence - featureVectorOverlap;
idx1 = 1;
sequences = {};
sequencePerSegment = cell(numel(features),1);
for ii = 1:numel(features)
    sequencePerSegment{ii} = max(floor((size(features{ii},2) -
        featureVectorsPerSequence)/hopLength) + 1,0);
    idx2 = 1;
    for j = 1:sequencePerSegment{ii}
        sequences{idx1,1} = features{ii}(:,
            idx2:idx2 + featureVectorsPerSequence - 1);
        idx1 = idx1 + 1;
        idx2 = idx2 + hopLength;
    end
end
end
```

做一做

用 MATLAB 软件判断给定的语音文件中说话人的性别。

想一想

（1）在性别识别中，有没有性别识别错误或识别不出来的现象？你对性别识别的结果是否满意？

（2）本案例使用的是预先录制语音再进行处理的方式，如何使用 MATLAB 软件、录音设备和录音软件，实现实时音频录制及说话人性别识别？

说一说

经过案例演示和动手练习，你认为构建性别识别模型的流程是什么？自己动手绘制流程图并进行解释。

学生活动：学习新知识，听教师讲授，体验软件仿真，性别识别案例，并回答问题。

设计意图：对说话人性别识别的流程进行讲解，并介绍 BiLSTM 网络的理论知识，使学生了解语音信号处理与性别识别工具的使用方法和应用效果。对案例的工作原理进行简单的分析，使学生对其有一个初步的印象。

五）性别识别原理总结

教师活动：总结说话人性别识别的技术原理，具体如下：性别识别主要研究如何使计算机能够分辨说话人的性别。识别过程可以分为读入一段语音信号、音频特征提取、模型预测 3 部分。在案例活动中发现目前性别识别技术还存在一些不足之处，特别是在实时预测时，准确性和稳定性有待进一步提升。

扩展学生的知识面，引入性别识别的研究动向，具体如下：说话人性别、年龄和情感的识别被称为三维特征识别，对智慧城市、智慧校园、智慧医疗等领域有重要的现实意义。

学生活动：以正确的态度看待性别识别的相关产品的不足之处。

设计意图：对案例活动中涉及的原理进行归纳总结，将其上升到理论知识层面。

六）课堂小结

教师活动：小结本节主要内容。回顾本节知识点，具体如下。

（1）什么是说话人性别识别？

（2）性别识别技术是如何工作的？

（3）课堂中的案例是用 MFCC 特征实现的，如何使用多种类型的特征来完成案例？

学生活动：通过体验语音特征提取与说话人性别识别等软件和工具，了解性别识别的工作流程，感受性别识别的实际价值。与教师一起回忆本节学习内容，并对本节知识点进行归纳总结。

设计意图：帮助学生梳理课堂学习内容，将知识点内化到知识体系中。

十、教学反思

一）教学中的优点

本节采用案例教学模式，帮助学生在课堂教学过程中形成对说话人性别识别工具独特的认知，并且进行性别识别特征提取体验和相互交流讨论，对性别识别的原理进行归纳总结。在教学过程中，教师给予学生较大的自主学习空间，使学生的学习积极性和主动性高涨，能够自主学习和使用说话人性别识别的工具。

二）教学中的不足

本节教学内容多，教学节奏快，虽然以案例教学模式开展教学，但是理论知识的讲授设置不够细化。因此，理论基础差的学生在规定的时间内难以掌握性别识别的语音信号特征提取与性别识别的理论框架。

参考文献

[1] 汤志远，李蓝天，王东，等. 语音识别基本法 Kaldi 实践与探索[M]. 北京：电子工业出版社，2021.

[2]　陈果果，都家宇，那兴宇，等.Kaldi 语音识别实战[M]. 北京：电子工业出版社，2020.

[3]　刘景宜. 中学信息技术教学设计与案例分析[M]. 安徽：安徽大学出版社，2020.

[4]　云霞. 基于 Mel 倒谱和 Bark 谱失真距离的汉语音质客观评价研究[D]. 成都：西南交通大学，2004.

[5]　王一涵. 高等教育普及化背景下本科学生学情分析与教学模式变革探究[J]. 天津大学学报（社会科学版），2019，21（3）：268-275.

[6]　Chavan M S, Chougule S V. Speaker identification in mismatch conditionusing warped filter bank features [J]. International Journal of Circuits, Systems And Signal Processing, 2015, 9(1):88-93.

[7]　Thaine P, Penn G. Extracting Mel-frequency and Bark-frequency cepstral coefficients from encrypted signals[C]. The 20th Annual Conference of the International Speech Communication Association, 2019, 3715-3719.

[8]　肖汉光，何为. 基于 MFCC 和 SVM 的说话人性别识别[J]. 重庆大学学报，2009，32（07）：770-774.

[9]　陈军. 基于深度学习说话人的三维特征识别研究[D]. 贵阳：贵州大学，2020.

[10]　Paliwal K K. Spectral subband centroids as features for speech recognition [C]. IEEE Workshop on Automatic Speech Recognition and Understanding Proceedings, 1997, 124-131.

[11]　Shao Y, Jin Z, Wang D, Srinivasan S, An auditory-based feature for robust speech recognition [C]. IEEE International Conference on Acoustics, Speech and Signal Processing, 2009, 4625-4628.

[12]　Valero X, Alias F, Gammatone cepstral coefficients: biologically inspired features for non-speech audio classification [J]. IEEE Transactions on Multimedia, 2012, 14(6): 1684-1689.

思考题

1．简述语音识别的过程。

2．就人机交互的层面而言，简述人机对话实现的主要困难。

3．讨论如何提高语音识别或性别识别的准确率。

第五章　智能文本数据分析案例

本章导读

　　本章从文本数据的角度出发，分两节对智能文本数据分析进行介绍。第一节对提取文本关键词的方法进行介绍，重点介绍自然语言处理（Natural Language Processing，NLP）工具软件的使用、对文本数据进行分词和关键词的提取过程。第二节对文本情感分析的方法进行介绍，重点介绍文本情感分析的基本思想和主要方法，了解并掌握应用 Python 语言进行文本情感分析的基本技能。

　　自然语言是人类所独有的，是人类表现思维、表达情感最深刻、最常用的工具，所以语言的重要性不言而喻。无论汉语、英语或其他自然语言，都具有语义多样性、歧义性和不断进化性等特点，机器要实现完全意义上的自然语言理解，堪比"难于上青天"。计算机对自然语言的理解，即自然语言处理，具有重要的科学意义和学术挑战，吸引了众多科学家对其开展研究。

　　自然语言处理实际上就是对文本文字的处理，如人机对话的实现，需要先将语音识别为文字，然后将文字转换成计算机能处理的数值形式。将文本转换成计算机能处理的数值向量的方式称为文本表示。在此基础上就可以进行文本数据分析了。文本数据分析的常见技术包括文本特征处理、特征选择、分类与聚类、信息检索。近几年，深度学习算法为文本数据分析带来了新的突破。

第一节　文本关键词提取

一、教学内容

　　文本数据分析主要是指自然语言处理，是人工智能和语言学领域的分支学科，主要研究如何使计算机处理和运用自然语言。自然语言处理广义上分为两部分，第一部分为自然语言理解，是指使计算机"读懂"人类的语言；第二部分为自然语言生成，是指计算机将数据转换为自然语言。本书主要涉及自然语言理解部分。本节要求学生使用自然语言处理工具软件，对文本数据进行分词、关键词提取等，初步了解自然语言处理方法和基本流程，并学会利用基本的算法，对句子实现分词，对中等篇幅的文本实现关键词提取。

二、教材分析

本节的主要内容是帮助学生使用 Python 等自然语言处理工具软件，探讨其基本工作过程及原理，了解其实际应用价值，展望自然语言处理的应用前景，最终使学生对自然语言处理形成感性认知，并对自然语言处理的方法、技术有更深入的理解，从而为从事智能文本数据分析的相关工作做好铺垫。

三、学情分析

经过前期的人工智能基础及前几章的学习，本专业学生已经具备了一定的知识基础和操作技能（熟悉常用的术语和基本的软件工具），但对自然语言处理中具体的分析处理方法与算法还不熟悉，授课教师在相关实验中应该尽可能地突出多元教学、使用学生喜闻乐见的案例教学，使学生从案例中学到更加实用的知识和技能。

四、教学目标

一）知识与技能

（1）初步了解自然语言处理的概念。

（2）了解自然语言处理与一般信号处理的区别，以及自然语言的工作原理。

（3）熟悉并掌握使用 Python 语言编程实现简单的自然语言处理方法，包括分词、关键词提取等。

二）过程与方法

（1）通过操作计算机、Python 软件，体验自然语言处理的过程和输出结果，了解其实际应用价值。

（2）通过摘录、生成文本等数据，体会程序实现分词、关键词提取和聚类的工作原理。

（3）通过 Python 软件及深度学习工具箱体验自然语言处理的工作原理，了解其实际应用价值。

三）情感态度与价值观

（1）感受自然语言处理的魅力，体会其实际应用价值。

（2）培养学生的探究能力及类比推理能力。

（3）激发学生不断探索和学习新知识的欲望，为"人工智能初步"的教学打下基础。

五、教学重点与难点

重点：应用和体验自然语言处理工具。

难点：了解自然语言处理的工作原理。

六、教学课时

本节教学课时为 3 课时。

七、教学方法

本节主要采用讲授法、讨论法、直观演示法、练习法、任务驱动法和自主学习法。

教学中以课堂讲授为主，安排 2 个案例演示，通过小组讨论、教师总结的方式，使学生交流听讲过程中的感受，加深对自然语言处理方式的理解，学生通过实际操作体验自然语言处理工具。布置课外作业，引导学生通过自主查阅资料，探究性地完成学习任务，对作业资料进行整理，选出代表进行讲解，最后由教师进行总结。

八、教学环境

教室：多媒体网络教室。

教师机：要求连接一台高性能教师机，以进行深度学习的训练和测试。

学生机：要求装有 Python 软件、Visio Studio 软件、MATLAB 软件及工具箱等。

九、教学过程

一）创设情境，激发兴趣

教师活动：播放一段世界智能大会报告现场的机器实时自动翻译的视频。视频中机器将报告人的中文讲话自动翻译成英文，帮助大家直观感受自然语言处理技术的强大功能和最新应用。引导学生思考计算机（机器）是如何理解人类语言，并翻译成另一种语言的。在播放视频过程中提出问题：在进行中译英时，针对一句话，需要哪些处理步骤？

学生活动：观看视频，思考并说出日常生活中自然语言处理的应用。

设计意图：通过日常生活中的自然语言处理应用案例快速吸引学生，引起学生的学习兴趣，激发其学习热情。

二）探究自然语言处理的新知识

教师活动：同学们说出了许多日常生活中自然语言处理的应用，请同学们讨论汉语言处理与英语处理的相同点和不同点。

相同点：都是对文本文字数据进行处理。

不同点：汉语言处理需要进行分词，英语则不需要，因为英语单词间有空格。

学生活动：思考并回答教师提出的问题。

设计意图：使学生了解不同语种间的处理方法的相同点和不同点，以更好地理解自然语言处理的方法和流程。

三）汉语言文本分词算法操作体验

教师活动：分词就是将句子、段落和文章这种长文本，分解为以字词为单位的数据结构，方便后续的处理分析工作。分词是自然语言处理的基础。实验前，准备好具有典型特征的汉语语言句子。首先，学习了解汉语分词的三种典型方法和常用工具；其次，学习调用 Jieba 分词器实现短句子、长句子的分词。

做一做

（1）使用 Jieba 分词器实现中文典型语句、段落的分词。

（2）观察典型语句、段落分词的结果；尝试调整、扩充用户字典，实现更准确的分词。

想一想

如何调用 Jieba 分词器？如何调整 Jieba 分词器字典？

拓展作业

使用 Python 软件实现较长段落的分词。

学生活动：学习新知识，听教师讲授，体验通过 Python 软件将.ui 文件转换成.py 文件，并运行.py 文件。

设计意图：对 Jieba 分词器进行讲解，并介绍基于 Python 软件的自然语言处理的理论知识。

四）学习利用 TF-IDF 算法实现中长文本关键词提取

教师活动：在学习 Jieba 分词器的基础上，引导学生探究中长文本分词和关键词提取背后的理论知识。以 TF-IDF 算法为例，带领学生实现从中长文本中提取关键词。

学一学

文本关键词提取流程如图 5.1 所示。

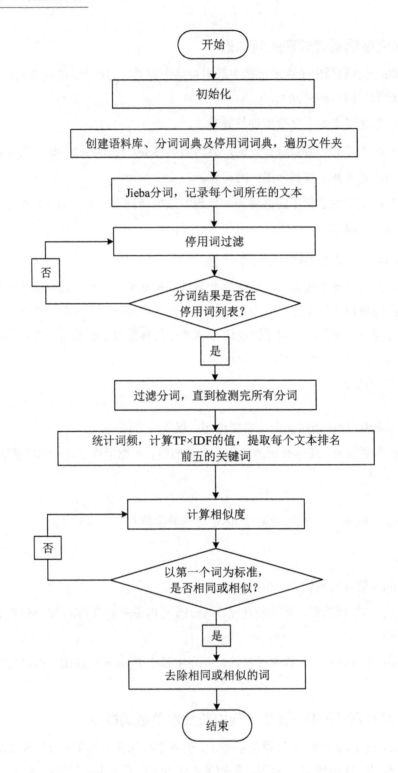

图 5.1　文本关键词提取流程

关键词提取过程具体如下。

1. 创建语料库

将我们需要的文档及每个文档所在的位置保存在创建的新语料库 corpus 中。

2. 文本预处理

（1）分词。利用 Python 软件自带的 Jieba 分词词库和根据需要创建的词库进行分词。自定义的分词库中的词语的格式为每个词汇单独占据一行。

（2）停用词过滤。在分词结果中，我、你、的、好等词对提取结果会造成干扰，所以需要在提取关键词之前将这些无用的词提前过滤。停用词库 Stopwords.txt 可以直接从知网 Hownet 下载。

3. 关键词提取

（1）计算 TF-IDF 值。先用 TF-IDF 算法进行计算，得出每一个过滤后的词的 TF 值，保留词频大于 1 的词；再用公式计算 TF-IDF 的值。

（2）提取关键词。根据上一步计算值将候选关键词进行排序，提取每个文本排名前五的关键词作为最终结果。

关键词提取采用 Jieba 分词软件包进行。Jieba 分词又被称为结巴分词。这里使用的 Jieba 分词器是由 Python 软件实现的，Jieba 分词的核心算法是 Nshort 中文分词算法。Jieba 分词软件包可从相关网站中下载。Jieba 分词模块可支持以下 3 种分词模式，具体如下。

① 精确模式：试图将句子精确地切开，适合文本分析（类似 Ltp 的分词方式）。

② 全模式：把句子中所有可以分成词的词语扫描出来，速度非常快，但是不能解决歧义问题。

③ 搜索引擎模式：在精确模式的基础上对长词再次切分，提高查全率，用于搜索引擎分词。

使用 Jieba 分词的具体步骤如下。

① Jieba 分词词库的安装。安装的代码如下：

```
pip install jieba
```

② 使用 Jieba 分词。以下代码是一个简单的实例：

```
#使用 UTF-8 编码
import sys
import os
import jieba                    #导入 Jieba 分词词库
#设置 UTF-8 输出环境
reload(sys) sys.setdefaultencoding('UTF-8')
#Jieba 分词—全模式
sent ='在包含问题的所有解的解空间树中，按照深度优先搜索的策略，
    从根节点出发深度探索解空间树。'
wordlist = jieba.cut(sent, cut_all=True)
```

```
print "|".join(wordlist)
#Jieba 分词—精确模式
wordlist = jieba.cut (sent)  #cut_all=False
print"|".join(wordlist)
#Jieba 分词—搜索引擎模式
wordlist = jieba.cut for search(sent)
print"|".join(wordlist)
```

使用 Jieba 分词软件包对句子"在包含问题的所有解的解空间树中，按照深度优先搜索的策略，从根节点出发深度探索解空间树。"进行分词，分词的结果如下：

在|包含|问题|的|所有|解|的|解空|空间主树|中|按照|深度|优先|搜索|的|策略|||从|根结|节点|点出|出发|深度|探索|索解|解空|空间|树||
在|包含|问题|的|所有|解|的|解|空间|树中|，|按照|深度|优先|搜索|的|策略|，|从根|节点|出发|深度|探索|解|空间|树|。
在|包含|问题|的|所有|解|的|解|空间|树中|，按照|深度|优先|搜索的|策略|，|从根|节点|出发|深度|探索|解|空间|树|。

Jieba 分词的基础词库较 Ltp 分词要少一些，标准词典的词汇量约有 35 万个。上面案例的分词结果显示，一些专有名词的切分缺乏足够的精度，不仅出现粒度问题，还出现错分问题（如上例中的"树中""从根"）。由此可见，分词器的精度不仅受到算法的影响，还受到语言模型库的规模的影响。这一点对 NShort 最短路径算法尤其明显。

做一做

（1）调用 Jieba 分词词库和 TF-IDF 算法包，编写文本关键词提取程序，生成没有编译错误，能够正确运行的.py 文件。

（2）选取不同长度的文本，利用编写的关键词提取程序，对文本进行关键词提取；人工阅读文本，总结关键词，与算法程序提取的关键词进行比对，观察并总结算法效果。

想一想

（1）在调用 Jieba 分词器运行过程中，会不会出现分词错误或分词不理想的情况？

（2）关键词提取是不是会出现提取"常用词"，而非"关键词"的情况？

说一说

经过案例演示和动手练习，你认为对文本进行关键词提取的流程是什么？自己动手绘制流程图并进行解释。

学生活动：学习新知识，听教师讲授，体验文本分词及提取关键词的过程，并回答问题。

设计意图：对 TF-IDF 算法进行讲解，并介绍关键词提取的相关技术，使学生了解 Jieba 分词词库和 TF-IDF 算法的实现方法和应用效果，在实践中感受文本关键词提取的操作过程。对案例的工作原理进行简单的分析，使学生对其有一个初步的印象。

五）文本关键词提取技术原理总结

教师活动：文本关键词提取流程主要包括创建语料库、文本预处理（分词、停用词过滤）、关键词提取（计算 TF-IDF 值、提取关键词）。其中，分词和计算 TF-IDF 值是关键步骤，结合案例总结 Jieba 分词和 TF-IDF 算法的原理。

TF-IDF 算法及关键词提取步骤如下。

1. 算法原理

TF-IDF 算法实际上是 TF 和 IDF 两个值的乘积。下面分别对这两个值进行解释。

TF：词频。简单理解就是同一个词语在文章中出现的频率。计算方法也很简单，如式（5.1）所示：

$$\text{TF}_{i,j} = \frac{n_{i,j}}{\sum\limits_{k} n_{i,k}} \tag{5.1}$$

即文档 i 中词语 j 的词频等于词语 j 在文档 i 中的出现次数 $n_{i,j}$ 除以文档 i 中所有词语的数量。

IDF：逆向词频，又称反文档频率。首先了解一下文档频率 DF，DF 为一个词在所有文档中出现的频率，如共有 100 篇文章，10 篇文章中出现该词，则 DF 为 0.1。IDF 是 DF 的倒数，也就是 10。然后，词语 i 的 IDF 等于文档总数除以包含词语 i 的文档数加 1，再取对数：

$$\text{IDF}_i = \log \frac{|D|}{\left| j : t_i \in d_j \right| + 1} \tag{5.2}$$

IDF 解决问题的常用方式是词霸占词频榜，导致提取出来的关键词都是没有意义的常用词（如介词）。

TF-IDF 算法将 TF 和 IDF 相乘，解决了常用词的问题，便可提取出文章的关键词。

2. 算法实现及关键词提取

基于 TF-IDF 算法提取关键词的主调函数是 TFIDF.extract_tags，主要在 jieba/analyse/tfidf.py 中实现。TF-IDF 算法实现的流程如图 5.2 所示。

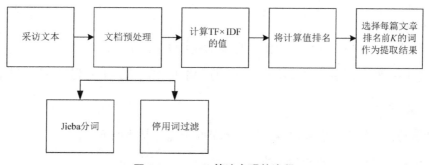

图 5.2 TF-IDF 算法实现的流程

经过上述流程就实现了 TF-IDF 算法对关键词的提取，算法的实现代码如下：

```python
def extract_tags(self, sentence, topK=20, withWeight=False,
    allowPOS=(), withFlag=False):
    #传入词性限制集合
    if allowPOS:
        allowPOS = frozenset(allowPOS)
        #调用词性标注接口
        words = self.postokenizer.cut(sentence)
    #没有传入词性限制集合
    else:
        #调用分词接口
        words = self.tokenizer.cut(sentence)
    freq = {}
    for w in words:
        if allowPOS:
            if w.flag not in allowPOS:
                continue
            elif not withFlag:
                w = w.word
            wc = w.word if allowPOS and withFlag else w
        #判断词的长度是否小于2，或者词是否为停用词
        if len(wc.strip()) < 2 or wc.lower() in self.stop_words:
            continue
        #将其添加到词频词典中，次数加1
        freq[w] = freq.get(w, 0.0) + 1.0
        #统计词频词典中的总次数
        total = sum(freq.values())
    for k in freq:
        kw = k.word if allowPOS and withFlag else k
        #计算每个词的 TF×IDF 值
        freq[k] *= self.idf_freq.get(kw, self.median_idf) / total
        #根据 TF×IDF 值进行排序
        if withWeight:
            tags = sorted(freq.items(), key=itemgetter(1), reverse=True)
        else:
            tags = sorted(freq, key=freq.__getitem__, reverse=True)
    #输出 topK 个词作为关键词
    if topK:
        return tags[:topK]
    else:
        return tags
```

学生活动：以正确的态度看待文本处理等相关技术的不足之处。

设计意图：对案例活动中涉及的原理进行归纳总结，将其上升到理论知识层面。

六）课堂小结

教师活动：小结本节主要内容。回顾本节知识点，具体如下。

（1）语料库是如何创建和使用的？

（2）汉语言分词是怎样的原理和过程？

（3）TF-IDF 算法的原理是什么？

（4）如何利用 TF-IDF 算法实现关键词提取？

（5）文本处理及关键词提取在生活中有哪些应用？

学生活动：通过体验 Python 语言编程、Jieba 分词词库等软件和语料库，了解文本处理的工作流程。与教师一起回忆本节学习内容，并对本节知识点进行归纳总结。

设计意图：帮助学生梳理课堂学习内容，将知识点内化到知识体系中。

十、教学反思

一）教学中的优点

本节采用案例教学模式，帮助学生在独立操作 Jieba 分词器的过程中形成对自然语言处理工具独特的认知，并且进行汉语言文本处理的操作体验，同时相互交流讨论，对汉语言文本分词和关键词提取技术的原理进行总结归纳。在教学过程中，教师给予学生较大的自主学习空间。因此，学生的学习积极性和主动性高涨，能够自主学习和使用自然语言处理的工具。

二）教学中的不足

本节教学内容多，教学节奏快，TF-IDF 算法和文本关键词提取技术的原理较为抽象，初学者在理解上有一定困难。本节虽然以案例教学模式开展教学，但由于课时的限制，理论知识的讲授设置不够细化。因此，理论基础差的学生在规定的时间内理解和掌握自然语言处理的理论框架有一定困难。

第二节 文本情感分析

一、教学内容

分类识别文本信息中的情感，是人工智能技术的重要组成部分，情感分析是一种常见的自然语言处理方法的应用，特别是在以提取文本的情感内容为目标的分类方法中。通过这种方式，情感分析可以被视为利用一些情感得分指标来量化定性数据的方法。尽管情绪在很大程度上是主观的，但是情感量化分析已经有很多有用的实践，如企业分析消费者对产品的反馈信息，或者检测在线评论中的差评。本节通过学习文本情感分析（Sentiment Analysis）的基本思想和主要方法，了解并掌握应用 Python 语言进行文本情感分析的基本技能。

二、教材分析

在学习了文本分词、关键词提取方法的基础上，学习文本情感分析方法。关于文本情感分析有两种主流思想，第一种为基于情感词典的情感分析，是指根据已构建的情感词典，计算该文本的情感倾向，即根据语义和依存关系来量化文本的情感色彩。最终分类效果取决于情感词库的完善性，另外需要很好的语言学基础，也就是说需要知道一个句子通常在什么情况下表现为积极或消极。第二种为基于机器学习的情感分析，是指选取情感词作为特征词，将文本矩阵化，利用逻辑回归（Logistic Regression），朴素贝叶斯（Naive Bayes），支持向量机（SVM）等方法进行分类。最终分类效果取决于训练文本的选择及正确的情感标注。

下文列举两种基于机器学习的情感分析主流算法。

KNN 分类算法：如果一个样本与特征空间中的 k 个最相似的样本中的大多数属于某一个类别，则该样本也属于这个类别。

KNN 分类算法的优点如下。

（1）简单、易实现、易理解、无须参数估计及训练。

（2）适用于对稀有事件进行分类。

（3）特别适用于多分类（Multi-Modal）问题，分类对象具有多个类别标签，比 SVM 表现好。

KNN 分类算法的缺点如下。

（1）输出的可解释性不强且类别的评分不是规则化的。

（2）计算量较大。目前常用的改进方法是事先对已知样本点进行剪辑，去除对分类作用不大的样本。该改进算法适用于容量大的类域，而容量较小的类域容易误分。

（3）当样本不平衡时，有可能导致当输入一个新样本时，该样本的 k 个邻居中大容量类域的样本占多数。

朴素贝叶斯算法：朴素贝叶斯算法是基于贝叶斯定理与特征条件独立假设的分类方法。

朴素贝叶斯算法的优点如下。

（1）朴素贝叶斯模型发源于古典数学理论，有稳定的分类效率。

（2）对小规模的数据表现很好，能够处理多分类的问题，适合增量式训练，尤其是当数据量超出内存时，可以分批进行增量训练。

（3）对缺失数据不太敏感，算法也比较简单，常用于文本分类。

朴素贝叶斯算法的缺点如下。

（1）理论上朴素贝叶斯模型与其他分类方法相比具有更小的误差率。但是实际上并非如此，这是因为朴素贝叶斯模型假设属性之间相互独立，假设在实际应用中往往是不成立的，在属性个数比较多或属性之间相关性较大时，分类效果不好。在属性相关性较小时，朴素贝叶斯性能较为良好。对于这一点，半朴素贝叶斯之类的算法通过考虑部分关联性进行了适度改进。

（2）需要知道先验概率，且先验概率很多时候取决于假设，假设的模型可以有很多种，因此在某些时候假设的先验模型导致预测效果不佳。

（3）分类决策存在一定的错误率，且对输入数据的表达形式很敏感。

三、学情分析

经过前期的人工智能基础及本章第一节的学习，本专业学生已经具备了一定的文本处理知识基础和操作技能（熟悉常用的术语和基本的软件工具），本节进一步学习文本情感分析方法。由于自然语言处理中具体的分析处理方法与算法较为抽象、难懂，因此授课教师在相关实验中应该尽可能地突出多元教学，使用学生喜闻乐见的案例教学，使学生从案例中学到更加实用的知识和技能。

四、教学目标

一）知识与技能

1. 进一步理解自然语言处理，初步了解文本情感分析的概念。

2. 了解文本情感分析的基本原理和方法。

3. 能够从本节的学习和操作过程中，了解掌握短语句及短篇章的情感分析算法，实现情感分析的功能。

二）过程与方法

1. 通过操作计算机、Python 软件，体验其工作过程，了解其实际应用价值。

2. 通过编写操作计算机程序，理解文本情感分析的工作原理。

3. 通过 Python 软件、文本处理工具箱及深度学习工具箱体验文本处理、情感分析的工作原理，了解其实际应用价值。

三）情感态度与价值观

（1）感受自然语言处理、文本情感分析的魅力，体会其实际应用价值。

（2）培养学生的探究能力及类比推理能力。

（3）激发学生不断探索和学习新知识的欲望，为"人工智能初步"的教学打下基础。

五、教学重点与难点

重点：应用和体验文本处理工具、理解典型的情感分析算法。

难点：掌握情感分析算法的实现方法，编写情感分析程序。

六、教学课时

本节教学课时为 3 课时。

七、教学方法

本节主要采用讲授法、讨论法、直观演示法、练习法、任务驱动法和自主学习法。

教学中以课堂讲授为主，安排 2 个案例演示，通过小组讨论、教师总结的方式，使学生交流听讲过程中的感受，加深对文本情感分析与处理方式的理解，学生通过实际操作体验文本数据处理工具。布置课外作业，引导学生通过自主查阅资料，探究性地完成学习任务，对作业资料进行整理，选出代表进行讲解，最后由教师进行总结。

八、教学环境

教室：多媒体网络教室。

教师机：要求连接一台高性能教师机，以进行深度学习的训练和测试。

学生机：要求装有 Python 软件及工具箱等。

九、教学过程

一）创设情境，激发兴趣

教师活动：播放一段网络监控的宣传视频，展示自然语言处理技术及情感分析技术。在播放视频过程中提出问题：根据本章第一节学习的知识，在语句的情感分析时需要哪些处理步骤？如何在日常生活中，及时发现网络空间中的谣言、不法观点及错误、污秽的言语，进而实现对网络空间的监控，净化网络环境？

学生活动：观看视频，思考并说出日常生活中文本情感分析的应用。

设计意图：通过日常生活中的自然语言处理应用案例快速吸引学生，引起学生的学习兴趣，激发其学习热情。

二）探究文本情感分析的新知识

教师活动：同学们说出了许多日常生活中文本情感分析的应用，请同学们讨论文本情感分析与人脸图像情感分析的相同点和不同点。

相同点：都是对输入数据所体现的人类情感进行分析和处理。

不同点：所依据的输入数据不同，一个是文字，另一个是图像。

学生活动：思考并回答教师提出的问题。

设计意图：使学生了解文本情感分析与人脸图像情感分析方法的相同点和不同点，以更好地理解自然语言处理的方法和流程。

三）汉语言文本情感分析算法操作体验

教师活动：带领学生学习文本情感分析（特别是汉语言文本的情感分析）的概念。通过介绍汉语言文本在诸多领域中的应用，使学生认识到文本情感分析的重要性。

👍 **学一学**

文本情感分析是指利用自然语言处理和文本挖掘技术，对带有情感色彩的主观性文本进行分析、处理和抽取的过程。目前，文本情感分析涵盖了自然语言处理、文本挖掘、信息检索、信息抽取、机器学习和本体学习等多个领域，得到了许多学者及研究机构的关注，近几年成为自然语言处理和文本挖掘领域研究的热点问题之一。

文本情感分析的原理和算法较为抽象和复杂，本节主要介绍几种典型的情感分析算法的基本原理，如基于语料库进行归纳的方法、基于图模型进行识别的方法和基于深度学习的方法等。在实际操作方面，教授学生利用已有的算法和模型，对句子的情感倾向进行分析，体验文本情感分析的处理方法和流程。

🐾 **做一做**

（1）依托百度智能云、讯飞开放平台及华为云等商业平台，调用接口函数，使用现有的自然语言处理模型，分析输入语句的情感状态，给出输出结果。以基于百度智能云的情感分析为例进行介绍，具体如下。

① 情感倾向分析接口（通用版）：对只包含单一主体主观信息的文本进行自动情感倾向性判断（积极、消极、中性），并给出相应的置信度。为口碑分析、话题监控、舆情分析等应用提供基础技术支持，同时支持用户自行定制模型效果调优。

② 在线调试时，可以在 API Explorer 中调试该接口，可进行签名验证、查看在线调用的请求内容和返回结果、示例代码的自动生成。

③ 请求说明时，请求示例分为情感分析的通用版和定制版，两个版本的请求示例稍有不同。

请求使用的 URL 参数如表 5.1 所示。

表 5.1　请求使用的 URL 参数

参　　数	值
access_token	通过 API Key 和 Secret Key 获取的 access_token，参考 "Access Token 获取"

请求使用的 Header 参数如表 5.2 所示。

表 5.2　请求使用的 Header 参数

参　　数	值
Content-Type	application/json

Body 请求示例是用大括号包围起来的字符串，具体代码如下：

```
{
    "text": "我爱祖国"
}
```

请求格式为 POST 方式调用，注意：要求使用 JSON 格式的结构体来描述一个请求的具体内容。Body 整体文本内容可以支持 GBK 和 UTF-8 两种格式的编码。对于 GBK 支持，默认按 GBK 进行编码，输入内容为 GBK 编码，输出内容为 GBK 编码，否则接口会报编码错误。对于 UTF-8 支持，若文本需要使用 UTF-8 编码，则在 URL 参数中添加 charset=UTF-8。

请求使用的参数如表 5.3 所示。

表 5.3　请求使用的参数

参　　数	类　　型	描　　述
text	string	文本内容，最大 2048B

④ 返回格式为 JSON 格式，默认返回内容为 GBK 编码。若用户指定输入为 UTF-8 编码（通过指定 charset 参数），则返回内容为 UTF-8 编码。

返回说明的返回参数如表 5.4 所示。

表 5.4　返回说明的返回参数

参　　数	说　　明	描　　述
log_id	uint64	请求唯一标识码
sentiment	int	表示情感极性的分类结果，0：负向，1：中性，2：正向
confidence	float	表示分类的置信度，取值范围为[0,1]
positive_prob	float	表示属于积极类别的概率，取值范围为[0,1]
negative_prob	float	表示属于消极类别的概率，取值范围为[0,1]

经过上述流程就实现了基于百度智能云的情感分析，测试返回的结果如下：

```
{
    "text":"我爱祖国",
    "items":[
        {
            "sentiment":2,                    //表示情感极性的分类结果
```

```
        "confidence":0.90,          //表示分类的置信度
        "positive_prob":0.94,       //表示属于积极类别的概率
        "negative_prob":0.06        //表示属于消极类别的概率
    }
  ]
}
```

（2）观察典型语句的情感分析结果，与人工判断进行对比，分析情感分析结果的准确性。

想一想

如何调用不同平台的云接口，对相同语句利用不同的云资源进行情感分析，观察输出的异同。

学生活动：学习新知识，听教师讲授，体验通过 Python 软件将.ui 文件转换生成.py 文件，运行.py 文件。

设计意图：对文本情感分析进行讲解，并介绍基于 Python 软件的自然语言处理的理论知识。

四）学习基于统计方法的情感分析方法

教师活动：介绍基于统计方法的情感分析方法，使学生了解基于统计方法的情感分析过程，并以 SnowNLP 库为例，向学生展示基于统计方法的情感分析效果。

学一学

基于统计方法的情感分析过程如图 5.3 所示。基于统计方法的情感分析方法主要依赖于已经建立的情感词典，情感词典的建立是情感分类的前提和基础，目前在实际使用中，可将其分为 4 类：通用情感词、程度副词、否定词、领域词。对于汉语言文本，主要依据知网 HowNet。也可以建立专门的领域词典，以提高情感分类的准确性，如建立新的网络词汇词典来更准确地把握新词的情感倾向。

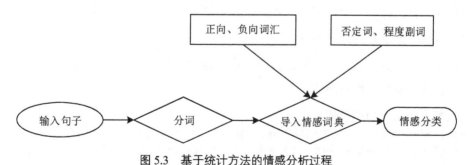

图 5.3　基于统计方法的情感分析过程

基于统计方法的情感分析方法的流程如下。

（1）文本进行分词、停用词处理等预处理。

（2）基于情感词典，对文本进行字符串匹配。

（3）挖掘正面和负面信息。

基于统计方法的情感分析方法主要依赖于所建立的情感词典，所以也可称为基于情感词典的情感分析方法。这里介绍 SnowNLP 库快速进行评论数据情感分析方法。如果有人问，有没有比较简单的方法判断一句话的情感倾向，那么 SnowNLP 库就是答案。

SnowNLP 库可以进行中文分词、词性标注、情感分析、文本分类、转换拼音、繁体转简体、提取文本关键词、提取摘要、分割句子、文本相似等。需要注意的是，用 SnowNLP 库进行情感分析，官网指出其电商评论的准确率较高，因为它的语料库主要是电商评论数据，所以可以自己构建相关领域的语料库，替换单一的电商评论语料。使用 SnowNLP 库进行情感分析的步骤如下。

1. SnowNLP 库安装

（1）使用 pip 安装。安装的代码如下：

```
pip install snownlp==0.11.1
```

（2）使用 GitHub 源码安装。

首先，下载 SnowNLP 的 GitHub 源码并解压，然后在解压目录中，通过安装命令进行安装。安装的代码如下：

```
python setup.py install
```

以上方式二选一，就可以引入 SnowNLP 库了。

2. 评论语料获取情感值

首先，SnowNLP 库对情感的测试值为 0～1，值越大，说明情感倾向越积极。下面我们通过 SnowNLP 库测试京东上的好评、中评、差评的数据。

然后，引入 SnowNLP 库。使用时，引入的代码如下：

```
from snownlp import SnowNLP
```

下面分别测试好评、中评和差评数据，具体如下：

（1）测试一条京东的好评数据。

所测试的评论为"本本已收到，体验还是很好的，功能方面我不了解，只看外观还是很不错的很薄，很轻，也有质感。"

测试好评数据使用的代码如下：

```
SnowNLP(u'本本已收到，体验还是很好的，功能方面我不了解，
    只看外观还是很不错的很薄，很轻，也有质感。').sentiments
```

情感值为：0.99995，得到的情感值很高，说明买家对商品比较认可。

（2）测试一条京东的中评数据。

所测试的评论为"屏幕分辨率一般，送了个极丑的鼠标。"

测试中评数据使用的代码如下：

```
SnowNLP(u'屏幕分辨率一般，送了个极丑的鼠标。').sentiments
```

情感值为：0.03251，得到的情感值一般，说明买家对商品看法一般，甚至不喜欢。

（3）测试一条京东的差评数据。

所测试的评论为"很差的一次购物体验，细节做得差极了，还有，发热有点严重啊，散热不行，用起来就是烫得厉害！！！"。

测试差评数据使用的代码如下：

```
SnowNLP(u'很差的一次购物体验，细节做得差极了，还有，发热有点严重啊，散热不行，用起来就是烫得
厉害！！！').sentiments
```

情感值为 0.00368，得到的情感值一般，说明买家对商品不认可，存在退货可能。

以上就完成了简单快速的情感值计算，对评论数据是不是很好用呀！

使用 SnowNLP 来计算情感值，官方推荐的是电商评论数据，其计算准确度比较高，难道非评论数据就不能使用 SnowNLP 来计算情感值了吗？当然不是！虽然 SnowNLP 默认提供的模型是用评论数据训练的，但是它还支持根据现有数据训练自己的模型。

首先，我们来看看自定义训练模型的源代码 Sentiment 类，代码的定义如下：

```
class Sentiment(object):
    def __init__(self):
        self.classifier = Bayes()
    def save(self, fname, iszip=True):
        self.classifier.save(fname, iszip)
    def load(self, fname=data_path, iszip=True):
        self.classifier.load(fname, iszip)
    def handle(self, doc):
        words = seg.seg(doc)
        words = normal.filter_stop(words)
        return words
    def train(self, neg_docs, pos_docs):
        data = []
        for sent in neg_docs:
            data.append([self.handle(sent), 'neg'])
        for sent in pos_docs:
            data.append([self.handle(sent), 'pos'])
        self.classifier.train(data)
    def classify(self, sent):
        ret, prob = self.classifier.classify(self.handle(sent))
        if ret == 'pos':
            return prob
        return 1-prob
```

通过上述源代码，我们可以看到，可以使用 train 训练数据，并使用 save 和 load 保存和加载模型。下面训练自己的模型，训练集 pos.txt 和 neg.txt 分别表示积极和消极情感语句，两个 TXT 文本中的每一行表示一句语料。

下面的代码进行自定义模型训练和保存：

```
from snownlp import sentiment
sentiment.train('neg.txt', 'pos.txt')
sentiment.save('sentiment.marshal')
```

基于标注好的情感词典来计算情感值。这里我们使用一个行业标准的情感词典——玻森情感词典，来自定义计算一句话或一段文字的情感值。整个过程如下。

（1）加载玻森情感词典。

（2）Jieba 分词。

（3）获取句子得分。

首先，引入包，代码如下：

```
import pandas as pd
import jieba
```

然后加载玻森情感词典，代码如下：

```
df = pd.read_table("bosonnlp//BosonNLP_sentiment_score.txt",
    sep= "",names=['key','score'])
```

查看玻森情感词典前 5 行结果，如表 5.5 所示。

表 5.5　玻森情感词典前 5 行结果

行　　数	键（key）	得分（score）
1	最……	−6.704000
2	扰……	−6.497564
3	F……	−6.329634
4	R……	−6.218613
5	W……	−5.967100

再将键中的词和得分中对应的数值转换成两个列表，目的是当找到某一个词时，能获取对应的得分数值，代码如下：

```
key = df['key'].values.tolist()
score = df['score'].values.tolist()
```

定义分词和统计得分函数，代码如下：

```
def getscore(line):
    segs = jieba.lcut(line)    #分词
    score_list = [score[key.index(x)] for x in segs if(x in key)]
    return  sum(score_list)    #计算得分
```

最后，进行结果测试，代码如下：

```
line = "今天天气很好，我很开心"
print(round(getscore(line),2))
line = "今天下雨，心情也受到影响。"
print(round(getscore(line),2))
```

获得的情感得分保留两位小数，结果如下：

```
5.26
-0.96
```

　　两个测试语句的得分为 5.26 和-0.96。这样就得到了最终的测试结果，可见测试结果很好地反应了语句的情感。

做一做

　　按照如图 5.4 所示的文本情感分析流程图编写程序。

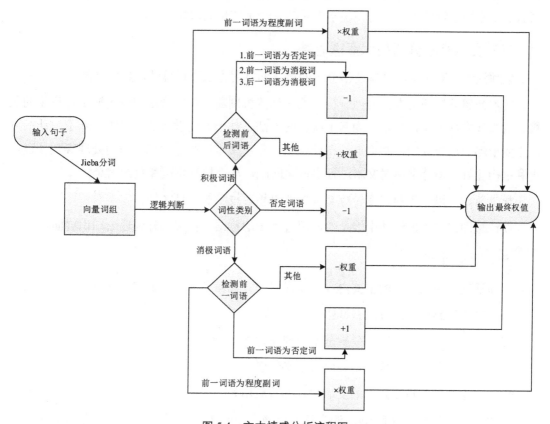

图 5.4　文本情感分析流程图

　　（1）在本章第一节学习的分词方法的基础上，调用知网 HowNet，用基于情感词典的情感分析方法，编写针对中文语句的情感分析程序。

　　（2）调试运行程序，对简单典型的中文语句进行情感分析，输出结果，并与人工判断进行比较。

想一想

　　基于情感词典的情感分析方法有什么缺点？

　　提示：精度不高；词典需要持续；构建词典困难。

说一说

经过案例演示和动手练习，你认为文本情感分析的流程是什么？自己动手绘制流程图并进行解释。

学生活动：学习新知识，听教师讲授，体验文本情感分析的过程，并回答问题。

设计意图：对基于统计的算法进行讲解，并介绍文本情感分析的相关技术，使学生了解基于统计的算法的实现方法和应用效果。在实践中感受文本情感分析的操作过程，对案例的工作原理进行简单的分析，使学生对其有一个初步的印象。

五）文本情感分析技术原理总结

教师活动：对所学的文本情感分析的概念和常用方法进行总结，具体如下。

文本情感分析即文本倾向性分析，就是计算机判断人们的看法或评论属于对事物的积极、消极或中性意见，主要分为基于统计的方法、基于深度学习的方法等。基于统计的方法主要依赖于已建立的情感词典，在处理中，先对文本进行分词和停用词处理等预处理，再利用构建好的情感词典对文本进行字符串匹配，从而挖掘正面和负面信息。

学生活动：以正确的态度看待文本处理等相关技术的不足之处。

设计意图：对案例活动中涉及的原理进行归纳总结，将其上升到理论知识层面。

六）课堂小结

教师活动：小结本节的主要内容。以提问的方式回顾本节知识点，具体如下。

（1）文本情感分析的方法有哪些？

（2）基于统计方法的情感分析基本原理是什么？

（3）情感词典库都有哪些，如何自定义创建？

（4）文本情感分析在我们的生活中有哪些应用？

学生活动：通过体验 Python 语言编程等软件和语料库，了解文本情感分析的工作流程。与教师一起回忆本节学习内容，并对本节知识点进行归纳总结。

设计意图：帮助学生梳理课堂学习内容，将知识点内化到知识体系中。

十、教学反思

一）教学中的优点

本节采用案例教学模式，帮助学生在独立操作百度智能云和 SnowNLP 进行情感分析的过程中形成对情感分析工具独特的认知，并且进行汉语言文本情感分析处理的操作体验，同时相互交流，对所学技术的原理总结归纳。在教学过程中，教师给予学生较大的自主学习空间。因此，学生的学习积极性和主动性高涨，能够自主学习和使用自然语言处理的工具。

二）教学中的不足

本节教学内容多，教学节奏快，汉语言情感分析技术的原理较为抽象，对于初学者来说在理解上有一定困难。本节虽然以案例教学模式开展教学，但由于课时的限制，理论知识的讲授设置不够细化。因此，理论基础差的学生在规定的时间内理解和掌握自然语言处理的理论框架有一定困难。

参考文献

[1] 孙承爱，丁宇，田刚. 基于 GLU-CNN 和 Attention-BiLSTM 的神经网络情感倾向性分析[J]. 软件，2019，40（7）：62-66.

[2] 涂小琴. 基于 Python 爬虫的电影评论情感倾向性分析[J]. 现代计算机：中旬刊，2017，0（12）：52-55.

[3] 师宏慧. 语音情感识别方法研究[D]. 太原：山西大学，2016.

[4] 代秀琼，刘楚雄. 一种基于前缀树与循环神经网络的领域分类方法：CN110297888A[P]. 2019.

[5] 曹义亲，盛武平，周会祥. 基于 TF-IDF-MP 算法的新闻关键词提取研究[J]. 华东交通大学学报，2021，38（1）：122-130.

[6] 赵蓉英，张扬. 基于时空维度的国内外情感分析研究演化分析[J]. 情报科学，2018，36（10）：171-177.

[7] 袁野，朱荣钊. 基于 BERT 在税务公文系统中实现纠错功能[J]. 现代信息科技，2020，4（13）：19-21.

思考题

1. 简述汉语言分词的原理和过程。

2. 简述文本处理及关键词提取在生活中的应用。

3. 简述文本情感分析的方法。

第六章 智能机器人案例

本章导读

本章从智能机器人的角度出发，分两节对智能机器人进行介绍。第一节对智能机器人无人驾驶的理论和方法进行介绍，重点介绍驱动控制、道路检测和信号灯检测等内容。第二节对机器人进行人机对话交互进行介绍，重点介绍机器人的功能和硬件架构、人机对话的语音模块。两个案例均通过实物给出测试实例，并给出具体操作步骤。

智能机器人的研究已经吸引了众多国家（如中国、美国、日本、法国等）的科学家与工程师。与普通机器人不同，智能机器人具有感知功能、运动功能和思维功能。根据统计数据显示，智能机器人已经应用于医疗、教育、餐厅、军事、太空、工业、农业等领域，为人类社会的发展进步做出了杰出贡献。

近年来，国家对无人驾驶技术非常重视，相继出台指导文件促进和规范无人驾驶技术的发展。目前，北京市燕房线地铁的所有列车都拆除了驾驶室，实现了全自动运营的无人驾驶轨道交通线路。四川省成都市正在建设无人驾驶示范场景区，无人驾驶的公交车和出租车正在融入人们的日常生活。

人机对话交互技术有着悠久的历史，是人类与机器在互动过程中最具代表性的智能化技术。该技术涉及语音识别、语音合成、对话管理等环节。人机对话交互研究的是人类与系统之间的交互关系，这里的系统可以是计算机，也可以是各种各样的机器。当前，该技术已经应用于智能机器人、聊天机器人及各种智能系统的人机对话交互中。

第一节　无人驾驶

一、教学内容

无人驾驶是非常重要的人工智能技术，且该技术仍然是科学研究的前沿和热点，学生有必要学习与无人驾驶相关的基础知识和工具。本节内容为智能图像识别、深度学习与机器人无人驾驶相结合的实战项目。

二、教材分析

本节的教学目标是通过实践使学生了解智能图像识别和深度学习在无人驾驶中的应用及工作过程，在实践中掌握智能图像识别的流程与基本知识，熟悉机器人无人驾驶的发展现状、操作方法和运用方式，为从事无人驾驶的相关工作做好铺垫。

三、学情分析

（1）学生学习了前面几章的内容，已经具备了一定的智能图像识别理论基础。

（2）学生还没有具备智能图像识别应用和无人驾驶实战的经验，通过本节的学习使学生尝试完成第一个无人驾驶实战项目。

（3）本节与机器人结合可以提高学生对智能图像识别和无人驾驶的兴趣。

四、教学目标

一）知识与技能

（1）初步了解智能机器人和无人驾驶的概念。

（2）了解无人驾驶的工作原理、关键问题和技术。

（3）能够从本节的学习和操作过程中简单了解无人驾驶的工作过程。

二）过程与方法

（1）通过操作无人驾驶机器人相关软件，体验机器人无人驾驶的工作过程，了解其实际应用价值。

（2）通过观察机器人无人驾驶的工作过程体会无人驾驶的工作原理。

三）情感态度与价值观

（1）使学生感受无人驾驶的魅力，体会其实际应用价值。

（2）培养学生的探究能力、硬件构建能力及类比推理能力。

五、教学重点与难点

重点：无人驾驶的工作原理、工作过程，以及相关硬件模块的使用。

难点：功能系统设计、硬件控制程序设计。

六、教学课时

本节教学课时为 3 课时。

七、教学方法

本节主要采用讲授法、直观演示法、任务驱动法和自主学习法。

教学中以课堂讲授为主，安排 1 个案例演示，通过小组讨论、教师总结的方式，使学生交流听讲过程中的感受，加深对无人驾驶的理解，学生通过动手操作体验车道识别、红绿灯识别和机器人控制模块。布置课外作业，引导学生通过自主查阅资料，探究性地完成学习任务，对作业资料进行整理，选出代表进行讲解，最后由教师进行总结。

八、教学环境

教室：多媒体网络教室。

教师机：要求连接一台高性能教师机，以进行硬件控制程序的编写、测试和烧录。

其他：机器人设备及相应的控制程序软件。

九、教学过程

一）创设情境，激发兴趣

教师活动：播放事先录制的无人驾驶视频。在视频中，智能机器人能够观察所处的场地，并做出相应的行动。提出问题：智能机器人是什么样的呢？这样的机器人是如何设计的呢？在日常生活中，哪些机器人（快递机器人、搬运机器人等）为我们的学习、工作和生活提供了便利？

学生活动：观看视频，思考并说出日常生活中的机器人。

设计意图：通过视频片段快速吸引学生的注意力，引起学生的学习兴趣，激发其学习热情。

二）探究无人驾驶新知识

教师活动：同学们说出了许多日常生活中的机器人无人驾驶工具，请同学们对比并指出无人驾驶机器人的功能。

学一学

1. 无人驾驶实验场地

本节介绍的无人驾驶机器人使用的场地，如图 6.1 所示。可以看出，使用的场地包括路口和车道，可以较好地模拟实际生活中的场景。机器人在场地中实现自主识别车道、沿着车道自主行驶、自主识别交通信号灯等功能。

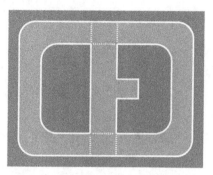

图 6.1 无人驾驶机器人使用的场地

2. 主要功能及硬件架构

无人驾驶机器人的硬件架构包括本体、控制器、摄像头等模块。首先，本实验需要一个本体来开展无人驾驶活动，包括福来轮底盘和驱动电机；其次，需要控制器来进行智能图像识别和运动动作的相关处理；最后，需要摄像头进行图像的采集和传输。

无人驾驶机器人的硬件架构如表 6.1 所示，包括本体、Jetson Nano 嵌入式开发板、Arduino 单片机板等模块。

表 6.1 无人驾驶机器人的硬件架构

功 能	执 行 硬 件	控 制 器
构建本体	全向底盘	福来轮底盘
识别车道	摄像头	Jetson Nano 嵌入式开发板
小车自主运行	步进电机	Arduino 单片机板
识别红绿灯	摄像头	Jetson Nano 嵌入式开发板

无人驾驶机器人的硬件架构，我们分模块来介绍，具体如下。

（1）本体。

首先，无人驾驶机器人的本体是由福来轮底盘构成的。这里我们选择一个全向底盘作为机器人的本体，可以实现全向平移的动作。全向底盘是由全向轮组成的底盘，全向轮有两种，一种是福来轮，另一种是麦克纳姆轮。在本节使用的机器人中，我们选用的是福来轮。

福来轮底盘呈斜对角分布，运动时有两种前进方向方案。方案一以相邻两个轮为前向，方案二以其中一个轮方向为前向。两种方案的运动方式有所不同。方案一的运动方式中，每个方向的运动都由四个轮同时运动来控制底盘整体运动，且斜对角轮转向一致。方案二的运动方式中，每个方向的运动都由对角两个轮同时运动来控制底盘整体运动，另外相邻两个轮停止不动。

其次，无人驾驶机器人的驱动电机选择标准的 42 步进电机，具有控制简单、精度高等特点，如图 6.2 所示。

图 6.2　驱动电机

步进电机以一个固定的步距角（Step Angle）转动，就像时钟内的秒针，转过的角度称为基本步距角，42 步进电机的基本步距角为 1.8°，常用的 42 步进电机参数表如表 6.2 所示。控制方式上可通过脉冲进行控制，其精度可达步距角的 3%～5%，且无累计误差。

表 6.2　常用的 42 步进电机参数表

型　　号	电机长度/mm	保持转矩/（N·m）	额定电流/A	相电阻/Ω	相电感/mH	转子惯量	电机质量/kg
BS42HB33-01	33	0.16	0.95	4.2	2.5	38	0.2
BS42HB38-01	38	0.26	1.2	3.3	3.2	54	0.28
BS42HB47-01	47	0.317	1.2	3.3	2.8	68	0.35

（2）控制器。

从功能架构上来看，机器人驱动部分使用单片机板和外围电路扩展板，智能图像识别和深度学习相关处理需要使用嵌入式开发板。

① 单片机板。

这里我们采用 Basra 控制板，这是一款基于 Arduino 开源方案设计的开发板。板上的微控制器可以在 Arduino、Eclipse、Visual Studio 等 IDE 中通过 C/C++语言来编写程序，编译成二进制文件，烧录进微控制器。Basra 控制板的处理器核心是 ATmega328，具有 14 路数字输入/输出口（其中 6 路可作为 PWM 输出），6 路模拟输入口，1 路 IIC 接口，1 个 16MHz 晶体振荡器，1 个 USB 口，1 个电源插座，1 个 ICSP header 和 1 个复位按钮。

主 CPU 采用 AVR ATMEGA328 型控制芯片，支持 C 语言编程方式；该系统的硬件电路包括电源电路、串口通信电路、MCU 基本电路、烧写接口、显示模块、AD/DA 转换模块、输入模块、IIC 存储模块等。该系统供电范围广泛，支持 5～9V 的电压，干电池或锂电池都适用。编程器集成在 Basra 控制板上，通过 USB 大小口的方式与计算机连接下载程序。Basra 控制板集成了 USB 驱动芯片及自动复位电路，烧录程序时无须手动复位。

这款控制器采用的编译环境为 Arduino IDE，它构建于开放原始码 simple I/O 界面版，并且具有使用类似 Java、C 语言的 Processing/Wiring 开发环境，基于 Processing IDE 开发，对于初学者来说极易掌握，同时有足够的灵活性。Arduino 语言基于 Wiring 语言开发，是对 AVR-GCC 库的二次封装，不需要太多的单片机基础和编程基础，简单学习后，也可以快速地进行开发。

② 外围电路扩展板。

这里我们采用一款可驱动 4 路步进电机的扩展板 SH-ST，该扩展板采用 A4988 驱动，可用作雕刻机、3D 打印机等的驱动扩展板，有 4 路步进电机驱动模块的插槽，可驱动 4 路步进电机，包含串口电路。

③ 嵌入式开发板。

这里我们采用 NVIDIA Jetson Nano 作为上位机控制器，Jetson Nano 开发板如图 6.3 所示，主要进行图像和深度学习相关处理。Jetson Nano 模块是一款低成本的 AI 计算机，具备超高的性能和能效，可以运行现代 AI 工作负载，并行运行多个神经网络，以及同时处理来自多个高清传感器的数据。它专为支持入门级边缘 AI 应用程序和设备而设计，完善的 NVIDIA JetPack SDK 包含用于深度学习、计算机视觉、图形、多媒体等方面的加速库。

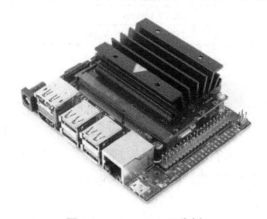

图 6.3　Jetson Nano 开发板

该开发板的核心参数：显卡内存采用容量为 4GB 的 64 位的 LPDDR4，其频率为 1600MHz，带宽为 25.6 GB/s；储存采用容量不小于 12GB 的嵌入式多媒体卡；Wi-Fi 采用 2.4GHz 和 5GHz 双频段，2.4GHz 频段的传输速率为 300Mbit/s，而 5.0GHz 频段的传输速率为 867Mbit/s；采用的蓝牙传输标准为 4.2 版本；外部接口包括一个 USB 3.0 接口，一个以太网口，一个 HDMI 接口，四个总线接口（12V+CAN 总线一体接口）。

④ 摄像头。

摄像头是本项目中道路识别和红绿灯识别的主要传感器元件，根据任务需求这里采用一个广角的单目摄像头，如图 6.4 所示。

图 6.4　单目摄像头

单目摄像头的具体参数如表 6.3 所示。

表 6.3　单目摄像头的具体参数

序　号	参　数　项	详　细　参　数
1	最大像素	100 万
2	支持图像格式	MJPEG/YUV
3	最高帧率	30FPS
4	USB 协议	USB2.0HS/FS
5	自动白平衡 AEB	支持
6	支持的分辨率	1280 像素×720 像素、640 像素×480 像素、320 像素×240 像素
7	电源供应	DC5V 150mA
8	整机尺寸	35mm×35mm×30mm

3. 驱动控制

对于机器人驱动层来说，机器人需要根据上位机发送的速度信息进行运动。速度信息包含移动方向和速度大小，是根据 x 向、y 向和绕 z 轴的旋转角度计算得出的，所以，机器人无人驾驶的速度信息的参数有 3 个，分别是 x 向、y 向和绕 z 轴的旋转角度。因此驱动层需要根据上位机下发的速度参数先匹配机器人整体的运动方向，再匹配给各个电机的驱动。驱动控制程序的代码如下：

```
void XYSetVel(double vx, double vy, double w)//计算车轮速度
{
    static double increment = 0;
    //限制最大角速度
    if(w >= 2.22){w = 2.22;}
    else if(w <= -2.22){w = -2.22;}else{}
    //限制最大线速度
    if(vx>= 0.48){vy=0.48;}
    else if(vy<=-0.48){vy=-0.48;}else{}
    if(vy>= 0.48){vy=0.48;}
```

```
        else if(vy<=-0.48){vy=-0.48;}else{}
    current_vx = vx;
    current_vy = vy;
    current_va = w;
    //转换为步进电机车轮的运动速度
    double v0 = 0.738 *VRatio * (vx+vy) ;
    double v1 = 0.738 *VRatio * (vx-vy) ;
    double w_t = VRatio * w * DIAGONAL_L;
    //步进电机控制运动
  stepperx.setSpeed(v1 - w_t);
  steppery.setSpeed(v0 + w_t );
  stepperz.setSpeed(v0 - w_t );
  steppera.setSpeed(v1 + w_t );
}
```

下位机（接收端）和上位机（发送端）通信的方式采用串口通信，其中上位机的代码如下：

```
def main():
    portx = "/dev/ttyUSB0"      #设置端口号
    bps = 9600                  #设置波特率
    timex = 0.2                 #设置时间戳
    ser = serial.Serial(portx, bps, timeout = timex)
    while True:
        receive_data = "0.1,-0.08,-0.15"                    #将速度x,y,w使用逗号分隔
        result = ser.write(receive_data.encode('UTF-8'))    #字符串串口发送
        print("result: ",result)                            #打印发送数据
        time.sleep(1)                                       #延时
        receive_data = ser.readall()                        #读取下位机回传的数据
        print(receive_data)                                 #打印回传数据
```

下位机的代码如下：

```
{
  XYRun();                                     //步进电机运动
  if( (millis() - config_time) > 40){          //串口接收间隔
    while (Serial.available() > 0)             //串口接收字符串
    {
        recvdata = char(Serial.read());
        receive_data += recvdata;
        if (recvdata == '\n')
        {break;}
    }
    if (receive_data.length() > 0)             //判断字符串不为空
    {
        Serial.println(receive_data);          //打印接收的字符串
        String velx = fenge(receive_data,",",0);
        String vely = fenge(receive_data,",",1);
        String velw = fenge(receive_data,",",2);
        float datax = velx.toFloat();          //将字符串转换为浮点数
        float datay = vely.toFloat();
        float dataw = velw.toFloat();
        Serial.println(datax);                 //打印分隔之后的数
```

```
      Serial.println(datay);
      Serial.println(dataw);
      //判断字符串是否分隔错误
      if(datax == -1 || datay == -1 || dataw == -1){
          receive_data = "";                    //如果分隔错误，将字符串清空
          return 0;
      }
      else{
          XYSetVel(datax,datay,dataw);
          //调用控制函数，以分隔的速度进行运动
          receive_data = "";
      }
  }
  config_time = millis();
  }
}
```

4. 道路检测

道路检测包括道路标定和弯道识别，具体如下。

（1）道路标定。

使用颜色检测或边缘检测器找到路径，使用 y 方向上的像素求和获得曲线，即直方图。将任务分为阈值、扭曲、直方图、平均和显示 5 个不同的步骤。先创建一个 getLaneCurve 函数，然后对图像应用一些阈值。

摄像头安装在小车上通过鸟瞰视角观看车道，可以先对画面进行裁剪以保证画面背景简单。但鸟瞰视角看到的画面中的直线车道线与画面边界是倾斜的，为了有更好的识别效果，先对原始画面进行扭曲，使摄像头看到的车道线与画面边界平行。

扭曲的方式是，先在原始画面中标记出梯形形状顶点的 4 个点，如图 6.5 所示，然后将梯形上方两个顶点外扩使其与下方两个顶点在纵向上重合，对画面采用同样的方式进行拉伸，这样就可以获得在画面中与画面边界平行的车道线。

图 6.5　原始画面扭曲示意图

（2）弯道识别。

前面我们获得了灰度图像，将车道和其他区域进行了区分，车道为白色，其像素值为255，其他区域为黑色，其像素值为0。现在，如果我们将第一列中的像素相加，则得出1275。将此方法应用于每一列。在原始画面中，宽度为480像素。因此，将有480个值。求和后，可以查看有多少值高于某个阈值，这时以画面中心线为参考即可获得中心线左侧满足条件的列数与右侧满足条件的列数。此时使用列数判断即可确定弯道的朝向，如果对每一列数值进行对比，则可判断弯道和直线。例如，如果灰度图像的中心线左侧有8列数据，右侧有3列数据，则为向左弯道。

对于道路检测的实例，我们将使用Jetson Nano内置的深度学习扩展包。首先，道路标定的程序代码如下：

```
def thresholding(img):
    imghsv = cv2.cvtColor(img,cv2.COLOR_BGR2HSV)        #将BGR图转换为HSV图
    lowerGrey = np.array([0, 0, 46])                    #灰色的标准HSV值
    upperGrey = np.array([180, 43, 220])
    maskedGrey= cv2.inRange(imghsv,lowerGrey,upperGrey)
    #将图像以对应值进行标定
    return maskedGrey
```

道路标定时，原始画面扭曲的程序代码如下：

```
def valTrackbars(wT=480, hT=240):
    intialTracbarVals = [45, 160, 0, 240]        #设置梯形变换的4个点
    widthTop = intialTracbarVals[0]              #梯形上边宽度
    heightTop = intialTracbarVals[1]             #梯形高度
    widthBottom = intialTracbarVals[2]           #梯形底部x坐标
    heightBottom = intialTracbarVals[3]          #梯形底部y坐标
    points = np.float32([(widthTop, heightTop),
        (wT-widthTop, heightTop),                #计算梯形4个点的坐标
        (widthBottom ,heightBottom ), (wT-widthBottom, heightBottom)])
    return points
def warpImg (img,points,w,h):
    pts1 = np.float32(points)
    #原梯形画面中待测的4个点的坐标
    pts2 = np.float32([[0,0],[w,0],[0,h],[w,h]])
    #目标画面中矩形的4个点的坐标
    matrix = cv2.getPerspectiveTransform(pts1,pts2)
    #进行透视变换矩阵计算
    imgWarp = cv2.warpPerspective(img,matrix,(w,h))
    #将输入的图像进行透视变换
    return imgWarp
```

其次，弯道识别的程序代码如下：

```
#主函数
def getHistogram(img, minPer=0.1, region=4):
    if region == 1:
        histValues = np.sum(img, axis=0) #对整个画面像素进行求和
    else:
```

```
            histValues = np.sum(img[img.shape[0]//region:,:], axis=0)
            maxValue = np.max(histValues)                    #找出直方图的最大像素区域
            minValue = minPer * maxValue                     #以一定比例计算直方图最小像素
            indexArray = np.where(histValues>= minValue)     #判断有效像素区域
            basePoint = int(np.average(indexArray))          #计算平均值
        return basePoint
#主要执行调用函数
middlePoint = utlis.getHistogram(imgWarp,
    display=True, minPer=0.5, region=4)
curveAveragePoint = utlis.getHistogram(imgWarp,
    display=True,minPer=0.9, region=1)
curveRaw = middlePoint - curveAveragePoint                   #做差，比较当前偏移量
```

接着要做模型的训练。收集了大量数据后，就可以尝试使用相同的 train_ssd.py 脚本文件，在收集的数据上训练模型。训练过程与前面的示例相同，不同之处在于应设置--dataset-type=voc 参数：--data=<PATH>，代码如下：

```
$ cd jetson-inference/python/training/detection/ssd
$ python3 train_ssd.py --dataset-type=voc
    --data=data/ traffic_lights --model-dir=models/traffic_lights
```

在训练之后，将 PyTorch 模型转换为 ONNX 的格式，代码如下：

```
$ python3 onnx_export.py --model-dir=models/ traffic_lights
```

5. 信号灯检测

信号灯检测包括数据集标定和模型训练。这里我们将使用 Jetson Nano 内置的深度学习扩展包，具体如下。

（1）数据集标定。

这里可以借助一个工具（Camera-Capture）进行红绿灯的数据集标定，在 jetson-inference/python/training/detection/ssd/data 下创建一个空文件夹（traffic_lights）和标签文件（labels.txt），标签文件用于对红绿灯状态的标定和识别，包含 left、forword。其中空文件夹用于存放数据集。启动工具进行标定，在 Dataset Type 下拉菜单设置为 Detection（标定模式），在弹出的窗口中选择模型的保存路径和前面创建的标签文件。接下来单击 Freeze/Edit（space）按钮进行图片标定并选择相对应的标签，完成后单击 Save 按钮保存。

（2）模型训练。

收集了大量数据后，就可以尝试使用相同的 train_ssd.py 脚本文件在收集的数据上训练模型。训练过程与前面的示例相同，不同之处在于应设置--dataset-type=voc 参数。训练完模型后，建议使用测试文件测试识别效果，如果效果不理想，则可以增加数据集，从而提高识别效果。

信号灯检测程序的代码如下：

```
import jetson.inference
import jetson.utils
import cv2
```

```python
import numpy as np
#设置标签、模型文件、网络输入层、输出层的名称
args = ['--model=/home/protobot/jetson-inference/python/training
    /detection/ssd/models/traffic_lights/ssd-mobilenet.onnx',
    '--labels=/home/protobot/jetson-inference/python/training/
    detection/ssd/models/traffic_lights/labels.txt',
    '--input-blob=input_0',
    '--output-cvg=scores',
    '--output-bbox=boxes']
#创建视频输出对象
output = jetson.utils.videoOutput("", argv=args)
#加载对象检测网络
net = jetson.inference.detectNet(
    "ssd-mobilenet-v2",
    args,
    threshold=0.5)
#创建视频源，并设置图像大小
input = jetson.utils.videoSource("/dev/video0",
    ["--input-width=640", "--input-height=480"])
#处理帧，直到用户退出
while True:
    #捕获下一个映像
    img = input.Capture()
    #检测图像中的对象
    detections = net.Detect(img,640,480)
    #打印检测项
    #print("detected {:d} objects in image".format(len(detections)))
    if len(detections)>0:
        print(detections[0].ClassID)          #检测的标签序号
    for detection in detections:               #打印所有检测项
        print(detection)
    #输出图像
    output.Render(img)
    #标题栏的 FPS 输出
    output.SetStatus("{:s} | Network {:.0f} FPS".format(
        "ssd-mobilenet-v2", net.GetNetworkFPS()))
    if not input.IsStreaming() :
        break
```

学生活动：学习新知识、听教师讲授、记录新知识的关键细节，可以把发现的问题或讨论要点写在纸上。

设计意图：使学生了解无人驾驶工具的功能、控制器与检测架构。

三）无人驾驶的整体操作

教师活动：参考无人驾驶机器人的功能架构进行整体设计操作。软件操作是指创建主程序文件和自定义库程序文件。硬件操作是指福来轮底盘、步进电机与 SH-ST 扩展板连接、SH-ST 扩展板与 Bigfish 扩展板连接、Jetson Nano 与摄像头连接、以及 Jetson Nano 与 Basra 控制板连接。其中，福来轮底盘包括 4 个全向轮模块和 1 个底板模块。

无人驾驶的具体操作是将编写好的程序进行烧录，从而把软件程序写入机器人本体。具体操作还有硬件的安装与接线，按照步骤连接各个部件和连接线后，就可以进行实际场地运行测试了。

机器人无人驾驶的完整操作包括 6 个步骤，具体如下。

（1）创建 autonomouscar 文件夹，创建包含以下内容的主程序文件 main.py，如表 6.4 所示。

表 6.4　主程序文件 main.py 的内容

序　号	功　能	函数名/程序段
1	道路标定	getLaneCurve
2	将深度学习的图像转换为 OpenCV 图像	img_to_cv
3	控制电机直行、左右转弯等动作	motor_mode
4	道路偏离检测	motor_move

（2）同一目录文件夹下，创建包含以下内容的自定义库程序文件 utlis.py，如表 6.5 所示。

表 6.5　自定义库程序文件 utlis.py 的内容

序　号	功　能	函数名/程序段
1	道路图像二值化	thresholding
2	图片扭曲	warpImg
3	梯形图顶点标定	valTrackbars
4	道路弯道识别直方图处理	getHistogram

（3）文件创建成功后，完成无人驾驶机器人硬件连接。

本项目采用的底盘主要由 5 部分组成，包含 4 个全向轮模块和 1 个底板模块。考虑底盘实际运行中会出现底盘稍微不平稳的情况，在底板部分增加了被动式的刚性悬架。无人驾驶机器人底盘结构图如图 6.6 所示。该底盘包括本体悬架和全向轮模块。

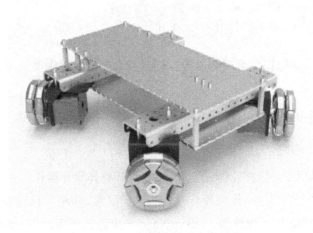

图 6.6　无人驾驶机器人底盘结构图

　　无人驾驶机器人各个模块的连接，包括步进电机与 SH-ST 扩展板的连接、SH-ST 扩展板与 Bigfish 扩展板的连接、Jetson Nano 与摄像头的连接以及 Jetson Nano 与 Basra 控制板的连接。

　　（4）参考图 6.1 完成场地准备，包含车道和红绿灯。

　　（5）进入 autonomouscar 文件，启动 Python 程序，使用的程序代码如下：

```
$ python3 main.py
```

　　（6）实际场地运行测试，如图 6.7 所示。

图 6.7　实际场地运行测试

做一做

　　（1）使用配套的软件实现驱动控制程序、道路检测和信号灯检测程序的编写。

　　（2）使用配套的硬件连接组成完整的机器人，并进行开机测试。

想一想

　　（1）在无人驾驶中，机器人的自主运动情况是什么样的？有没有机器人运动方向错误的情况？

　　（2）在无人驾驶中，有没有道路检测或信号灯检测错误的情况？你对检测的结果是否满意？

　　（3）机器人无人驾驶的案例使用的设计框架仅能够满足简单的场地，如何扩展以便处理更复杂的环境呢？

说一说

　　经过案例演示和动手练习，你认为构建无人驾驶的流程是什么？自己动手绘制流程图并进行解释。

　　学生活动：学习新知识，听教师讲授，体验实时的无人驾驶、动手组装底盘，并回答问题。

121

设计意图：对无人驾驶的整体操作流程进行讲解，并介绍配套软件和硬件的相关知识。使学生了解无人驾驶的使用方法和应用效果。在实践中感受无人驾驶的处理过程。

四）无人驾驶交互总结

教师活动：介绍机器人无人驾驶的功能设计、驱动控制程序编写、道路检测、信号灯检测，使学生完整了解无人驾驶的设计过程、运动动作的实现。机器人无人驾驶主要采用的是智能图像识别、检测、运动控制技术。在案例活动和动手实践中，我们发现目前无人驾驶技术还存在一些不足之处，运动的速度和平稳性不高。由于技术上的问题，在无人驾驶的过程中对道路检测和信号灯检测的结果可能是正确的，也可能是错误的。

学生活动：以正确的态度看待人机对话交互的相关产品的不足之处。

设计意图：对案例活动中涉及的原理进行归纳总结，将其上升到理论知识层面。

五）课堂小结

教师活动：小结本节的主要内容。回顾本节知识点。

学生活动：通过体验机器人的无人驾驶，了解无人驾驶的设计流程，感受智能图像识别和检测的实际应用。与教师一起回忆本节学习内容，并对本节知识点进行归纳总结。在教师引导下自主解决扩展任务。扩展任务如下。

（1）什么是无人驾驶，它的主要组成是什么？

（2）无人驾驶通过什么样的方式融入我们的生活？

（3）道路检测和信号灯检测技术是如何设计实现的，通常使用哪些智能技术？

设计意图：帮助学生梳理课堂学习内容，将知识点内化到知识体系中。

十、教学反思

一）教学中的优点

本节采用案例教学模式，帮助学生在独立操作体验的过程中形成对机器人无人驾驶的认知，并且进行无人驾驶体验和相互交流讨论，对原理进行总结归纳。在教学过程中，教师给予学生较大的自主学习空间。这样可以使学生的学习积极性和主动性高涨，能够自主学习和使用机器人无人驾驶的工具。

二）教学中的不足

本节教学内容多，教学节奏快，虽然以案例教学模式开展教学，但是理论知识的讲授设置不够细化。因此，理论基础差的学生在规定的时间内难以掌握无人驾驶功能系统设计、驱动控制、道路检测和信号灯检测程序设计的框架。

第二节　人机对话交互

一、教学内容

人机对话交互是非常重要的人工智能技术，且该技术仍然是科学研究的前沿和热点，学生有必要学习与人机对话交互相关的基础知识和工具。本节内容为语音模块与机器人相结合的实战项目。

二、教材分析

本节的主要教学目标是通过实践使学生了解语音识别在机器人中的应用及工作过程，掌握语音识别和人机对话交互的流程与基本知识，熟悉语音识别和人机对话交互的发展现状、操作方法和运用方式，从而为从事人机对话交互和智能人机交互的相关工作做好铺垫。

三、学情分析

（1）学生学习了第四章和第五章的内容，已经具备了一定的理论基础。

（2）学生还没有具备语音识别实战应用的经验，通过本项目帮助学生尝试完成第一个语音识别实战应用的项目。

（3）与机器人结合可以提高学生对语音识别的兴趣。

四、教学目标

一）知识与技能

（1）初步了解智能机器人和人机对话交互的概念。

（2）了解人机对话交互的原理、关键问题和技术。

（3）能够从本节的学习和操作过程中简单了解人机对话交互的工作过程。

二）过程与方法

（1）通过操作机器人及相关软件，体验机器人的工作过程，了解其实际应用价值。

（2）通过与机器人对话体会人机对话交互的工作原理。

三）情感态度与价值观

（1）感受智能机器人、人机对话交互的魅力，体会其实际应用价值。

（2）培养学生的探究能力、硬件构建能力及类比推理能力。

五、教学重点与难点

重点：人机对话交互的原理、工作过程，以及语音模块的使用。

难点：功能系统设计、硬件控制程序设计。

六、教学课时

本节教学课时为 3 课时。

七、教学方法

本节主要采用讲授法、直观演示法、练习法、任务驱动法和自主学习法。

教学中以课堂讲授为主，安排 1 个案例演示，通过小组讨论、教师总结的方式，使学生交流听讲过程中的感受，加深对人机对话交互的理解，学生通过动手操作体验语音模块和机器人相结合的项目。布置课外作业，引导学生通过自主查阅资料，探究性地完成学习任务，对作业资料进行整理，选出代表进行讲解，最后由教师进行总结。

八、教学环境

教室：多媒体网络教室。

教师机：要求连接一台高性能教师机，以进行硬件控制程序的编写、测试和烧录。

其他：机器人设备及相应的控制程序软件。

九、教学过程

一）创设情境，激发兴趣

教师活动：播放事先录制的人机对话交互视频。在视频中，智能机器人能够听懂人所说的指令，并做出相应行动。提取问题：在实际生活中，智能机器人是怎样的？这样的机器人是如何设计的？哪些机器人（教育陪伴机器人、点餐机器人等）为我们的学习、工作和生活提供了便利？

学生活动：观看视频，思考并说出日常生活中的机器人。

设计意图：通过视频片段快速吸引学生的注意力，引起学生的学习兴趣，激发其学习热情。

二）探究机器人新知识

教师活动：同学们说出了许多日常生活中的机器人，请同学们对比并指出机器人的功能。

学一学

1. 主要功能

这里介绍的机器人的主要功能是人给机器人发送语音指令，机器人能够接收指令并应答，以及对唤醒词做出反应等，具体如下。

（1）给机器人以语音形式发送动作指令，机器人完成相应动作。

（2）机器人接收指令后进行语音应答播报。

（3）语音功能有特定唤醒词。

（4）当一定时间内没有检测到指令，机器人将自动进入休眠状态。

（5）设定部分特殊动作无须唤醒词。

2. 硬件架构

机器人的硬件架构是从语音输入到完成相应动作的流程。首先，需要语音模块来识别语音指令；其次，需要语音播报来播放所识别的指令；再次，需要控制器来判断动作；最后，发送移动指令使机器人完成相应动作。

机器人的硬件架构如图 6.8 所示，从语音指令开始，经过语音模块对输入指令进行识别，对识别出的指令通过扬声器进行播放，并把识别出的指令发送给控制器，控制器先判断所对应的行为动作，再把移动指令发送给机器人，由机器人完成相应移动行为。

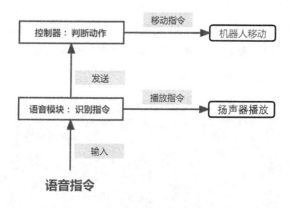

图 6.8　机器人的硬件架构

3. 通信协议

通信协议用来实现人与机器的对话，规定了对话的模式和标准。通信协议的主要作用是制定了人、语音模块、机器人三者之间完成通信的规则，如表 6.6 所示。在通信协议中，语音模块识别规则范围内的语句，机器人为每个动作设定一个协议，并且将该协议与语音指令进行一一对应。

表 6.6　机器人的通信协议

语音输入指令	机器人应答命令	机器人对应动作	机器人动作协议
唤醒：小六小六	应答：我在|请说	静止	F0
前进|向前|往前|前去	小六正在前进|好的|好	向前平移	F1
后退|向后|往后|退后|回来|后	小六正在后退|好的|好	向后平移	F2
左转|向左|往左|左	小六正在左转|好的|好	向左转弯	F3
右转|向右|往右|右	小六正在右转|好的|好	向右转弯	F4
停止|停下|暂停|停|稍等	小六已停止|好的|好	停止	F5

4. 机器人本体

机器人本体部分主要介绍机器人的具体组成，包括结构设计和驱动电机。这里我们选择一个全向底盘作为机器人本体，可以实现全向平移的动作。这里的机器人本体和本章第一节中的无人驾驶机器人本体是一样的，请参考本章第一节中对无人驾驶机器人本体的介绍。

5. 语音模块

语音模块的内容是语音模块介绍、语音模块词条编辑和语音模块词条烧录。

（1）语音模块介绍。

语音模块是一种基于嵌入式的语音识别技术的模块，主要包括语音识别芯片和其他附属电路，能够方便地与主控芯片进行通信，开发者可以方便地将该模块嵌入自己的产品，实现语音交互的目的。

这里我们采用一个识别稳定的离线语音模块，如图 6.9 所示。该模块基于 SU-20T 离线语音识别模组设计，内置高精度语音检测模块，配合系统多级启动模式，使芯片待机功耗进入亚毫瓦级，工作功耗进入几毫瓦级。

图 6.9　离线语音模块

该模块可支持一次最多下载 50 个词条内容、7 种音色选择，识别率高达 98%，可自定义回复语音，使用串口（RX 和 TX）进行通信，工作电压为 5V。

（2）语音模块词条编辑。

首先，选择模式，对前段信号进行处理，选择单传声器和稳态降噪的配置，识别的距离选择远场 1～5m。

其次，设置通信引脚，在引脚设置时，若将 7 号引脚设置为 TX，则 8 号引脚自动变为 RX，无须代码编程，就可以控制外部设备。

再次，创建及确认词条，主要唤醒词的设置按通信协议配置即可，可以逐条添加唤醒词及唤醒回复。离线命令与应答语自定义，采用命令词的触发方式，可以逐条添加命令词和回复语，并与机器人的行为配对。设置控制详情，选择控制方式为"端口输出"，控制类型为"UART1_TX"，动作为"发送"，参数参考通信协议设置。将所有的词条参考通信协议进行配置，机器人的每个行为与相应的词条进行配对，实现对设备的智能管理。

最后，生成工程文件，配置完成后，选择生成 SDK，生成之后选择"编译固件"，选择"添加"并确定，就生成了一个人机交互语音项目。先把生成的项目进一步生成固件，再下载固件并解压即完成语音识别工程项目创建。

（3）语音模块词条烧录。

首先，语音模块需要与 USB 转 TTL 模块进行连接，语音模块的电压参数为 5V，地线为 GND，接收数据指示灯为 RXD，发送数据指示灯为 TXD，如图 6.10 所示，将语音模块、USB 转 TTL 模块与计算机连接。

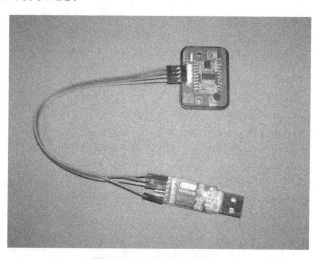

图 6.10　语音模块连接线

其次，打开设备管理器查看语音模块的端口号，如果没有识别，则可以安装 USB 串口驱动程序，本实例中的端口号是 COM6。

再次，打开词条烧录软件，选择已编辑好的烧录固件，单击语音模块上的"烧录"按钮进行词条烧录。烧录完成后，进行语音问答，测试烧录是否成功。

6. 控制器

机器人控制器具备 4 路步进电机驱动，同时具备一个串口（RX 和 TX）通信电路。从机器人的驱动和语音识别硬件要求来看，需要控制器具备 4 路步进电机驱动，同时具备一个串口通信电路。控制器的正常工作电压为 12V。

基于模块化设计，建议采用单片机板和外围电路扩展板组合的控制器形式。这里使用的单片机板和外围电路扩展板同本章第一节中的一样，不再详细介绍。

学生活动：学习新知识、听教师讲授、记录新知识的关键细节，可以把发现的问题或讨论要点写在纸上。

设计意图：使学生了解机器人的功能和硬件架构。

三）人机对话交互的程序和具体操作

教师活动：在学习了机器人的功能架构的基础上，指导学生进行人机对话交互的程序设计，引导学生在程序设计时，能清楚地理解和表述机器人的动作控制，并建立机器人的动作和语音指令之间的联系。

人机对话交互的具体操作是将编写好的程序进行烧录，从而把软件程序写入机器人本体。具体操作还有硬件的安装与接线，按照步骤连接各个部件和连接线后，就可以正常供电并运行机器人了，参考通信协议的语音指令进行机器人的人机对话交互功能测试。

人机对话交互的实例程序包括 example.info 文件和 stepper.info 文件，其中 example.info 文件中的代码如下：

```
include <SoftwareSerial.h>            //软串口库
SoftwareSerialmySerial(18,19);        //定义软串口
define V_MAX 1600                     //设置步进电机的速度
define speeds 0.1
void setup() {
    Serial.begin(9600);               //设置波特率
    mySerial.begin(9600);
    initMotor();                      //初始化步进电机
}
void loop() {
    if (mySerial.available() > 0)     //检测软串口是否有数据
    {
        int val = 0;
        val = mySerial.read();        //读出软串口数据
        Serial.println(val);          //从主串口输出数据
        if (val == 0xF1) {
            Serial.println("前进");
            while(1){
                Forward();
                val = mySerial.read();
```

```
                if(val == 0xF5){Stops();break;}
            }
        }
        if (val == 0xF2) {
            Serial.println("后退");
            while(1){
                Backword();
                val = mySerial.read();
                if(val == 0xF5){Stops();break;}
            }
        }
        if (val == 0xF3) {
            Serial.println("左转");
            while(1){
                Left();
                val = mySerial.read();
                if(val == 0xF5){Stops();break;}
            }
        }
        if (val == 0xF4) {
            Serial.println("右转");
            while(1){
                Right();
                val = mySerial.read();
                if(val == 0xF5){Stops();break;}
            }
        }
        if (val == 0xF5) {
            Serial.println("停止");
            Stops();
        }
    }
}
void Forward(){
    move(speeds, -speeds, speeds, -speeds);    //步进电机正转0.1圈
    //这里如果 move(0.2)，则表示步进电机正转0.2圈
}
void Backword(){
    move(-speeds, speeds, -speeds, speeds);    //步进电机反转0.1圈
    //这里如果 move(0.2)，则表示步进电机反转0.2圈
}
void Right(){
    move(speeds, speeds, speeds, speeds);       //向右转
}
void PanLeft(){
    move(speeds, -speeds, -speeds, speeds);    //向左平移
}
void Left(){
    move(-speeds, -speeds, -speeds, -speeds); //向左转
}
void PanRight(){
```

```
        move(-speeds, speeds, speeds, -speeds);        //向右平移
}
void Stops(){
        move(0, 0, 0, 0);                              //停止
}
```

stepper.info 文件中的代码如下：

```
#include "Arduino.h"                              //基本库函数
#include <AccelStepper.h>                         //控制单个步进电机的库函数
#include <MultiStepper.h>
//将单个步进电机添加到组中，进而控制多个步进电机的库函数
#define EN 8                                      //步进电机驱动板（A4988）的使能引脚
#define MAIN_STEP 200                             //步进电机每圈步数
#define MICRO_STEP 16                             //驱动细分数
#define TOTAL_STEP (MAIN_STEP * MICRO_STEP)
//16细分下步进电机每圈步数为3200步
AccelStepperstepper_x(1, 2, 5);                   //设置X轴步进电机的引脚和方向
AccelStepperstepper_y(1, 3, 6);
AccelStepperstepper_z(1, 4, 7);
AccelStepperstepper_a(1, 12, 13);
MultiStepper steppers;                            //设置步进电机组对象
void initMotor(){
        pinMode(EN, OUTPUT);                      //将使能引脚设置为输出模式
        digitalWrite(EN, LOW);                    //拉低步进电机扩展板使能引脚
        steppers.addStepper(stepper_x);           //将X轴步进电机添加到步进电机组中
        steppers.addStepper(stepper_y);
        steppers.addStepper(stepper_z);
        steppers.addStepper(stepper_a);
        stepperSet(V_MAX);                        //设置步进电机的速度
}
//x
void move(double x, double y, double z, double a){
        double step_x, step_y, step_z, step_a;
        x *= TOTAL_STEP;                          //得到步进电机要转动的总步数x
        y *= TOTAL_STEP;                          //得到步进电机要转动的总步数y
        z *= TOTAL_STEP;                          //得到步进电机要转动的总步数z
        a *= TOTAL_STEP;                          //得到步进电机要转动的总步数a
        step_x = -x;                              //这里的 -x 前的负号表示方向
        step_y = -y;
        step_z = -z;
        step_a = -a;
        stepperMove(step_x, step_y, step_z, step_a);
        //步进电机要转动 step_x/3200 圈
}
void stepperSet(double _v){
        stepper_x.setMaxSpeed(_v);                //设置步进电机能达到的最大速度
        stepper_y.setMaxSpeed(_v);                //设置步进电机能达到的最大速度
        stepper_z.setMaxSpeed(_v);                //设置步进电机能达到的最大速度
        stepper_a.setMaxSpeed(_v);                //设置步进电机能达到的最大速度
}
//步进电机转动的函数
```

```
void stepperMove(long _x, long _y, long _z, long _a){
    long positions[4];              //定义数组
    positions[0] = _x;              //将步进电机要转动的总步数存储到数组中
    positions[1] = _y;
    positions[2] = _z;
    positions[3] = _a;
    steppers.moveTo(positions);     //步进电机准备转动的步数
    steppers.runSpeedToPosition();  //步进电机开始转动到指定的位置
    stepper_x.setCurrentPosition(0);
    stepper_y.setCurrentPosition(0);
    stepper_z.setCurrentPosition(0);
    stepper_a.setCurrentPosition(0);
}
```

下面详细介绍人机对话交互的具体操作。

（1）将编写好的程序进行烧录。烧录的过程前面已经介绍了，这里不再赘述。

（2）硬件安装与接线，包括底盘结构组成和硬件接线，具体如下。

① 底盘结构组成。

本项目采用的底盘主要由 5 部分组成，包含 4 个全向轮模块和 1 个底板模块。这里用到的底盘和本章第一节中的无人驾驶机器人底盘结构是一样的，不再详细介绍。考虑底盘在实际运行中会出现不平稳的情况，在底板部分增加了被动式的刚性悬架。

② 硬件接线。

机器人的硬件接线包括语音模块与扬声器的连接、语音模块与 Bigfish 扩展板的连接、步进电机与 SH-ST 扩展板的连接和 SH-ST 扩展板与 Bigfish 扩展板的连接。将各个硬件按照如图 6.11 所示的形式进行连接，就得到本章实例所用的机器人。

图 6.11　硬件连接示意图

（3）正常供电后，参考通信协议的语音指令进行机器人的人机对话交互功能测试。

做一做

（1）使用配套的软件，实现机器人控制程序的编写。

（2）使用配套的硬件，连接组成完整的机器人，并进行开机测试。

想一想

（1）在人机对话交互中，有没有语音指令识别错误或识别不出来的现象？你对人机对话交互的结果是否满意？

（2）人机对话交互案例使用的通信协议，仅能够满足简单指令，如何扩展以便处理更复杂的指令呢？

说一说

经过案例演示和动手练习，你认为构建人机对话交互的流程是什么？自己动手绘制流程图并进行解释。

学生活动：学习新知识，听教师讲授，体验实时的人机对话交互、动手组装机器人，并回答问题。

设计意图：对人机对话交互的流程进行讲解，并介绍配套软件和硬件的相关知识，使学生了解人机对话交互的使用方法和应用效果，在实践中感受人机对话的处理过程。

四）人机对话交互总结

教师活动：介绍机器人的功能设计、控制程序编写和硬件组装，使学生完整了解机器人的设计、人机对话的过程、动作实现。通过机器人实物生动形象地向学生展示人机对话交互的全过程。机器人和人机对话主要采用的是语音识别、语音合成技术。在案例活动和动手实践中，我们发现目前语音识别技术还存在一些不足之处，语音模块的准确率不高。由于技术上的问题，在人机对话的过程中对语音指令的处理结果可能是正确的，也可能是错误的。

学生活动：以正确的态度看待人机对话交互的相关产品的不足之处。

设计意图：对案例活动中涉及的原理进行归纳总结，将其上升到理论知识层面。

五）课堂小结

教师活动：小结本节的主要内容，回顾本节知识点。

学生活动：通过体验人机对话交互，了解机器人的设计流程，感受语音识别的实际应用。与教师一起回忆本节学习内容，并对本节知识点进行归纳总结。在教师引导下自主解决扩展任务。扩展任务如下。

（1）什么是智能机器人，它的主要组成是什么？

（2）智能机器人通过什么样的方式融入我们的生活？

（3）人机对话交互技术是如何设计实现的？

设计意图：帮助学生梳理课堂学习内容，将知识点内化到知识体系中。

十、教学反思

一）教学中的优点

本节采用案例教学模式，帮助学生在独立操作体验的过程中形成对人机对话交互的认知，并且进行人机对话交互体验和相互交流讨论，对原理进行总结归纳。在教学过程中，教师给予学生较大的自主学习空间。这样可以使学生的学习积极性和主动性高涨，能够自主学习和使用人机对话交互的工具。

二）教学中的不足

本节教学内容多，教学节奏快，虽然以案例教学模式开展教学，但是理论知识的讲授设置不够细化。因此，理论基础差的学生在规定的时间内难以掌握机器人功能系统设计、硬件控制程序设计的框架。

参考文献

[1]　刘洋. 无人驾驶：北京地铁燕房线所有列车取消驾驶室[J]. 城市轨道交通研究，2022，25（01）：96.

[2]　马静璠. 我省首个无人驾驶示范场景在成都高新区落地[N]. 四川科技报，2022-03-09（001）.

[3]　钱弘毅，王丽华，牟宏磊. 基于深度学习的交通信号灯快速检测与识别[J]. 计算机科学，2019，46（12）：272-278.

[4]　袁保宗，阮秋琦，王延江，等. 新一代（第四代）人机交互的概念框架特征及关键技术[J]. 电子学报，2003（S1）：1945-1954.

[5]　黄海丰，刘培森，李擎，等. 协作机器人智能控制与人机交互研究综述[J]. 工程科学学报，2022，44（04）：780-791.

[6]　侯一民，周慧琼，王政一. 深度学习在语音识别中的研究进展综述[J]. 计算机应用研究，2017，34（08）：2241-2246.

[7]　程铭. 基于语音识别的家居设备控制系统研究与实现[D]. 南京：南京邮电大学，2020.

[8] 范向民，范俊君，田丰，等. 人机交互与人工智能：从交替浮沉到协同共进[J]. 中国科学，信息科学，2019，49（03）：361-368.

思考题

1. 简述无人驾驶的原理，以及无人驾驶的优点和缺点。

2. 简述无人驾驶中常用的人工智能技术。

3. 简述智能机器人的功能。

4. 就人机对话交互的层面而言，简述人机对话实现的主要步骤。

5. 讨论如何提高人机对话的准确率。